Bølgen og Strømmen

Syn på virkelighed

Erik J. Huigen

Bølgen og Strømmen
Syn på virkelighed

Bølgen og Strømmen
© Erik J. Huigen

Omslag, layout, korrektur:
Birgitte Stær, studio-b grafisk
ISBN: 978-87-43003-51-9
1. udgave 2018

Forlag: Books on Demand Gmbh, København, Danmark
Tryk: Books on Demand Gmbh, Norderstedt, Tyskland

Indhold

Forord 7

Indledning 10

1. Del – Bølgen

1 Den digitale parallelvirkelighed 15

2 Forenklingen – den lette vejs fristelse 22

3 Identitet – at være og at ville 29

4 Rammer og reduktion
i forhold til virkelighedsopfattelsen 38

5 Arbejdsmarkedet og økonomisk politik 52

6 Populismens mulighed 62

2. Del – Strømmen

7 Forandring og genkendelighed 69

8 Tro, logisk tænkning og bevidsthed 73

9 Mening og epistemet 81

10 Magtens bagside 86

11 Perspektiv: Frøen og ørnen 91

12 Fjendebilleder, økonomisk politik og værdipolitik 98

Forord

Der er gået fire år, siden "Lemmingeeffekten" udkom. Man taler om 'den svære toer', men jeg har ikke haft problemer med at finde på nyt at skrive om.

Til at begynde med skal det siges, at 'Bølgen og Strømmen' ikke er en konsensusbog. Hvis man ønsker at blive bekræftet i det, man i forvejen mener, så skal man være forberedt på at blive skuffet. Der er lagt op til udfordringer for enhver smag. For læsevenlighedens skyld har jeg droppet fodnoterne og bestræbt mig på at undlade fagbegreber og de lange sætningskonstruktioner. Tanken er, at hvis ikke det kan siges enkelt, så kan det også være lige meget. Desuden udgør selve stoffet allerede en udfordring i sig selv, så der er ikke nogen grund til at føje spot til skade. Det handler om at anskueliggøre de aktuelle udfordringer, vi står med i denne tid. Hvordan forholder vi os til verden, hvad gør dette forhold ved os, og hvor fører det os hen?

Et grundlæggende skel står mellem det nærværende og det principielle niveau, mellem vores oplevelse og vores reflekterende bevidsthed. I en tid, hvor alt i stigende grad fortolkes som data, og hvor brugerne selv bidrager til 'big data' blot ved at være brugere, er det blevet afgørende, hvordan al denne information bliver tolket, og til hvilket formål, den bliver brugt. Der er en række normative og moralske spørgsmål, der er gledet i baggrunden, netop fordi alt synes at handle om tal, som er de perfekte data, når det hele skal regnes ud. Hvad der virker virkeligt, og hvad der sker 'i virkeligheden', er ikke længere entydigt. Det skyldes ikke så meget, at virkeligheden er blevet en anden, men at vi selv har flyttet os, fået et nyt perspektiv og andre referencepunkter.

Man kan spørge sig selv, om vand stadig er vådt, hvis man har købt en paraply, der flytter regnvandet væk fra ens krop, så man ikke længere oplever vandets 'vådhed'. Rent objektivt kan man hævde, at vandets egenskaber ikke har ændret sig, men hvis man ikke længere oplever dette, hvordan kan man så vide det? Muligvis har paraplyen ændret vandets kvaliteter. Allerede empirister som John Locke stillede spørgsmålet, hvorfor man skulle tro på noget, som ikke umiddelbart kan verificeres gennem ens sanser. Men hvis man stoler på sine sanser alene, så kan man også komme galt afsted.

Rent teknisk er det muligt i dag at slå mennesker ihjel ved hjælp af en drone, selv om man rent fysisk befinder sig på et andet kontinent. Det opleves som at spille 'Counterstrike' – og for så vidt harmløst. Selve oplevelsen af virkeligheden er udfordret, og vi splittes op i to dele; en emotionel del, der oplever (empirisk) gennem sanserne og afviser de svære problemstillinger som irrelevante, og en rationel del, der godt kan se bag om illusionen og insisterer på at genskabe en overensstemmelse mellem de to modstridende niveauer, sanserne og begreberne udgør.

Hvad vi tror på, hvad vi står for og de værdier, vi har, handler om os mennesker som ideologiske væsner. Problemet opstår, når ideologi i sig selv bliver et fyord. Så bliver det fristende at definere alle andre som ideologiske, mens man selv fornægter at have en ideologi.

Vi har ikke et problem med at betegne mennesket som socialt, rationelt eller kulturelt, så hvorfor opfattes det ideologiske nu som et problem? Er der ikke tale om en forskydning, hvor man frygter det dogmatiske, det dømmende, det stivnede og det fanatiske, og kalder det for ideologi? Kan man i det hele taget afvise ideologierne af ideologiske grunde?

Der er således opstået en ny opfattelse af yderligheden og radikaliseringen, der kan komme som et lyn fra en klar himmel. Men kun hvis man har valgt at se den anden vej, kan en så grundlæggende forskydning komme bag på én. Det radikale ligger ikke i virkeligheden, men snarere i omskrivningen af virkeligheden og den måde, vi har valgt at se den på.

Under overfladens bølge går der en dybhavsstrøm, og over

brisen går der en jetstrøm. Alt er forbundet og spiller sammen. Vi er en del af noget større, og der findes mere mellem himmel og jord, end din mobiltelefon viser.

I "Bølgen og Strømmen" bruger jeg den slags billeder til at illustrere modstillinger. Undervejs flytter jeg måske perspektivet for at demonstrere, at flere holdninger fører til acceptable og plausible forklaringsmodeller. Det er nemt at blive forført og lige så nemt at komme i tvivl. Men det er vilkårene i dag, hvor vi udfordres til at tænke det skridt videre, så man kan genfinde balancen.

Indledning

"Bølgen og Strømmen" er mere end blot en analyse af forholdet mellem os og verden. Det er også en fortælling, der udfordrer de vante forestillinger om vores liv, vores værdier, relationer samt selvopfattelsen. Formålet er netop at diskutere de grundlæggende forudsætninger, inspirere til nye vinkler og at blive mere afklaret i forhold til kompleksiteten i den tid og den verden, vi lever i.

Vi er udfordret i forhold til de store, aktuelle problemer; den voksende populisme, genkomsten af nationalismen, eksemplificeret ved fænomener som Trump og Brexit. Der er også mere vedvarende udfordringer, især klimaændringerne og den stigende økonomiske ulighed i verden. Meget af det, vi ser, er symptomer, bølger på overfladen, der i medierne får nye overskrifter og præsenterer sig for os under nye betegnelser. Men nedenunder ligger der en understrøm, der handler om de mennesker, vi er. Hvordan ser vi på virkeligheden? Hvad mener vi med identitet, værdi og mening? Hvad tror vi på, og hvad ved vi, og kan vi overhovedet skelne? Hvor forskellige er moderne mennesker fra dem, der levede før os?

Forestillinger om begreber som virkelighed, sandhed og retfærdighed udformes på baggrund af individets reference til en allerede eksisterende erfaring og opfattelse. Overvejelser om mening og bevidsthed har en afgørende betydning i denne fremstilling. Sproget som fælles virkelighedsreference kan ikke bare opfattes som en én til én-repræsentation af virkeligheden, men er også en fortolkning og en kulturel vedtagelse om at ordne og definere virkeligheden på en bestemt måde. Denne kulturelle vedtagelse er kun i ringe grad betinget af det enkelte menneskes aktuelle fortolkning af situationen. I en foranderlig tid som vores opstår der nemt uenighed om, hvordan virkeligheden skal forstås 'rigtigt'. I det postfaktuelle samfund, som det også kaldes, foregår der en evig strid om den rigtige udlægning af fakta – eller *fake news* – om den verden, vi definerer, og om, hvad vi opfatter som virkeligt. Hannah Arendt sagde: "Hvis alle altid lyver for dig, bliver konsekvensen ikke, at du tror på løgnene. Konsekvensen af løgnene er snarere, at ingen tror på noget som helst længere. (…) Og et folk, der ikke længere kan tro på noget, kan heller ikke længere beslutte sig for noget."

Mennesker skal kunne navigere i verden, forholde sig kritisk og bedømme en situation for at kunne handle. Uden en sådan selvstændig stillingtagen er man rådvild og prisgivet enhver manipulators vilje.

Heldigvis er ikke alt så vilkårligt, som det ser ud til at være. Der er grænser for vores evne til at omdefinere virkeligheden ved hjælp af beskrivelser eller vores forestillinger om den. Verden er virkelig, og den gør modstand, når vi beskriver den og definerer den til at passe til vores egne interesser. Tyngdekraften ophører ikke med at virke, selv om vi beskriver den anderledes. Klimaændringer er virkelige, selv om vi tror på fortællingen om 'clean coal'. Splittelsen mellem verden og de mange ofte indbyrdes modstridende fremstillinger af verden er så at sige kun tilsyneladende, for verden er ikke et produkt af nogen individuelt fremstillet virkelighedsopfattelse eller tro.

Vi udgør en del af denne forunderlige og foranderlige verden, og kun for så vidt vi *gør* noget i verden og deltager i den, kan vi flytte noget i virkeligheden. Stillet over for dette forhold reagerer mennesker forbløffende ens, ikke mindst i deres fælles understregning af deres kulturelle eller individuelle unikhed. Individualisme er som en bølge, der drives frem af konkurrencesamfundets kroniske undervurdering af fællesskabets strukturelle betydning. Samfundet forventer, at individet stiller sig til rådighed og underlægger sig konkurrencesamfundets krav og normer 24/7. Men det lægger et urimeligt pres på f.eks. de arbejdsløse, at de konstant skal bevise deres værd for at forblive en del af fællesskabet.

I virkeligheden er det verden, der definerer os, mere end det er os, der definerer verden. Vi er i høj grad et produkt af omverdenens respons på vores egen handling. Derfor er det nødvendigt at tage et skridt tilbage og vurdere vores samspil med verden og kaste et kritisk blik på os selv og de processer, vi er en del af. Der mistes noget væsentligt i vores selvforståelse, når vi styres af f.eks. produktion som primært formål. Dette afspejler sig i både vores opfattelse af – og vores omgang med – verden, naturen, hinanden. Omverdenen 'tingsliggøres' og reduceres således til et middel til behovstilfredsstillelse frem for at være en meningsfuld ramme om vores liv.

Når vi ikke længere oplever os selv som en aktiv del af et dynamisk fællesskab, en foranderlig natur og en verden i bevægelse, så bliver alt omkring os til objekter og midler til de mål, vi har valgt at tro på. Så mister vi fornemmelsen af *det værende*, den allerede eksisterende virkelighed uden for vores sind. Verden forekommer mere og mere at være et fremmed og usikkert sted, og vi bliver fremmedgjorte i den. Der er himmelvid forskel mellem at tale om 'mening med livet' og at tale om 'meningen med mit liv'. Det første er filosofi, mens det andet er – i sin moderne kontekst – produktoptimering.

Det kapitalistisk system, vi har skabt, udgør, på trods af dets mange umiddelbare og synlige fordele, også en udfordring i sig selv. I den moderne, kapitalistiske verden stiller vi mennesker os umiddelbart i et subjekt-objekt forhold til det, der definerer os. Stiller vi os uden for verden, må vi være klar over, at vi er ved at miste en mere sammenhængende oplevelse af mening. Her, 150 år efter Karl Marx' "Kapitalen", er det for alvor ved at være synligt, at konkurrencesamfundet skaber ulighed, og at der er en pris at betale.

1. Del – Bølgen

1 Den digitale parallelvirkelighed

En surfer må stå på bølgen for at ride med den. Den føles nærværende og virkelig. Den kan ikke være ren teori. Surferen oplever det, man kalder 'flow', en bevægelse, der sker af sig selv. Han glider på vandet, som var han en del af bølgen. Han *er* bølgen.

Men virkeligheden, som vi oplever den, laves af andre mennesker. Mennesker med information, Excel-ark og skabeloner på, hvordan det hele skal gøres. De indsamler data og følger opskriften på denne fiktive virkelighed, som om den allerede var en realitet. Til sidst formes der en fortælling, en kollektiv fremstilling af virkeligheden, som præsenteres som et narrativ, der erstatter den virkelighed, vi hver især troede på og levede i. Nu er den blevet selvstændiggjort, derude, som noget, vi betragter og er tvunget til at forholde os til.

Grunden til, at det overhovedet kan lade sig gøre at erstatte virkeligheden med en fortælling, er, at mennesker ligner hinanden. På et tidspunkt i historien, måske for 75.000 år siden, var der så få mennesker på Jorden, at de knapt kunne fylde en landsby. Vi er alle i familie med hinanden, selv om vi nu er over syv milliarder individer. Vi ligner hinanden så meget, at vi er forudsigelige. Vi oplever og reagerer, som om vi var programmeret til det, uanset at vi opfatter os selv som frie og unikke væsner.

Kulturer, derimod, er forskellige. Der er tusinder (cirka 7.300) forskellige sprog, og hvert lokalsamfund har sine egne regler og normer, hver by sin egen fodboldklub og hver familie sine egne traditioner. "Sådan er det bare" siger vi, når nogen spørger, hvordan det kan være. "Det plejer vi at gøre" eller "det tror vi på". Det er sådan, vi gør her.

Det kaldes sædvane, hvilket vi forstår som moral. Så snart vi er flere i et rum, opfinder vi regler og sanktioner. Opskrifter på at sikre 'Lov og Orden'. Det er kulturens svar på loven om dynamisk diversitet, beskrevet af Charles Darwin i erkendelsen af 'naturlig udvælgelse'. På Galápagosøerne fandt han en variation af livsformer, hvor hver ø havde hver sin slags drossel med hvert sit næb tilpasset netop de lokale omstændigheder. Sådan er det også med menneskelige kulturer. De varierer fra sted til sted. Diversitet giver identitet.

Alene er mennesker sølle væsner, men i flok er de skræmmende og effektive til at manipulere med deres omgivelser og hinanden. Vi mennesker skaber vores egen virkelighed uden at spørge, om virkeligheden er o.k. med det. Vi laver selv de briller, med hvilke vi beskuer verden, og verden har bare at rette ind efter det. Vores fortælling om verden virker mere virkelig for os, end verden selv var, før den blev til en slags kulisse for vores forestilling. På samme måde er vores medmennesker blevet reduceret til rekvisitter i denne forestilling.

Vi må hver især spille vores rolle i den lokale forestilling, vi er en del af. Det lokale samfunds regelsæt kaldes for norm (heraf ordet 'normal'). At have en offentlig identitet svarer til en slags maske, som vi tager på for at kunne deltage i den fælles forestilling, som samfundets sædvane dikterer for os. Har man svært ved dette, opfattes man som identitetssvag og risikerer at få påhæftet betegnelser som forstyrret eller dyssocial personlighedsstruktur. Man forventes at overholde samfundets normer og leve op til dets forventninger, som en skuespiller, der må holde sig til sin rolle og sit manuskript.

Ved hjælp af samfundets vedtagelser (love, konventioner, normer) kan vi også distancere os fra verden, dissekere den og samle den på ny. Når det personlige ansvar således erstattes af et fælles ansvar (eller individualisme erstattes af kollektivisme), ændres vores relation til verden, så vi står udenfor og betragter verden som et objekt. Objektiveringen foregår altså i begge retninger; både når samfundets norm gør vold på individet, og når individet opfatter samfundets norm som 'noget derude'. Begge dele er en form for fremmedgørelse.

Dette skete for naziforbryderen Eichmann, der definerede sig selv som en 'god borger', der udførte sin pligt uden at stille spørgsmål til de ordrer, han fik. Han blev en del af en fortælling, der ikke var en del af den samme virkelighed, som resten af verden oplevede. Han befandt sig ikke længere på det samme hav og var ikke længere en del af vores bølge. Men det gjaldt for hele det såkaldt Tredje Rige.

Ingen kan sige, hvor bølgen slutter, og havet begynder. Bølgen er blot surferens forestilling om 'en ting', så verden bliver overskuelig og håndterbar. Vores verden kan bestemmes som vores lokalsamfund, vores familie eller vores Facebook-venner, alt efter hvilke referencer der lige er relevante for os i øjeblikket.

De fleste samfund har opfundet et 'højere væsen', der dikterer grundreglerne. Den første regel i vores fortælling siger, at vi er skabt i dette væsens billede og altså som små herskerkloner. Det er altså ikke særligt unikt. Vi er desuden sat i verden for at 'vogte over den', uden en egentlig vogter-manual. Vi må altså hver især være verdens administratorer eller herskere. Måske forklarer det, hvorfor der faktisk findes mennesker, der handler, som om de ejer Jorden og alle dens skabninger og kan bruge verden, som det behager dem blot ved at henvise til dette alvidende væsens påstand om 'hellig pligt'. Enhver, der ikke straks forstår dette og erklærer sig enig heri, vil tilsvarende blive betragtet som en trussel mod moralen og stabiliteten i samfundet. Vedkommende bør derfor elimineres, brændes på bålet, udstilles på torvet eller hænges ud i de sociale medier til skræk og advarsel.

'Henret ikke budbringeren', siger man, når dårligt nyt er så ilde hørt, at magthaveren kan finde på at lade budbringeren henrette, hvis han kommer med et ubehageligt budskab. Måske var det helt at foretrække, at man ikke havde fået at vide, at fjendens hær var på vej, eller krigen var tabt?

'Fjern ikke sløret fra din vens øjne' siger et andet visdomsord med en tilsvarende moralsk begrundelse. Begge udsagn er eksempler på en kultur, der dyrker fortrængning som en dyd og uvidenhed som ønskeligt. At forholde sig kritisk og ansvarligt til en ubehagelig virkelighed eller en ubekvem sandhed opfattes derimod som tegn på en negativ indstilling. Sociologen Rasmus Willig har skrevet om konsekvenserne af denne fortrængermentalitet for den offentlige sektors ansatte i sin bog "Afvæbnet kritik" (2016). Men hvorfor foretrækker man at ansætte nikkedukker i det offentlige?

For nylig læste jeg i en avis, at en femtenårig pige var omkommet i Tyskland, da hun krydsede vejen, mens hun var i gang med at besvare en besked på sin mobiltelefon. Det overraskende var, at avisen havde rubriceret historien som 'en god nyhed' for mobiltelefonbrugere, da konsekvensen af hændelsen viste sig at være, at der fremover blev installeret signaler i fodgængerfelterne, så forvirrede teenagere ikke behøvede at se op, før de krydsede vejen. Således kommer virkeligheden ganske vist tæt på os, men i en stærkt redigeret form.

Filosoffen Immanuel Kant havde en teoretisk skelnen mellem 'Virkeligheden for os' (Das Ding für uns) og 'Virkeligheden i sig selv' (Das Ding an sich). Tanken var, at der måtte eksistere en objektiv virkelighed 'derude', uafhængig af vore sanser, hvilken vi kun indirekte kan erkende gennem refleksion over vores subjektive oplevelse af den. Et kendt Kant-citat siger: "Anskuelser uden begreber er blinde, og begreber uden anskuelser er tomme". Vi har altså brug for både sanseindtryk og begreber for at kunne forstå verden og os selv. Det er en selvmodsigelse at tale om objektive sanseindtryk og oplevelser, da de altid er nogens (et subjekts) sanseindtryk og oplevelser. Det er således kun ved tankens kraft, at vi kan hæve os op over vores personlige oplevelse af virkeligheden og beskrive virkeligheden med almene begreber og i et sprog, der gælder for andre end os selv.

Det postfaktuelle samfund drager resolut den omvendte konklusion og accepterer, at 'virkeligheden' (som den fremstilles) er et produkt af vores individuelle syn på den. Dermed holder virkeligheden op med at være en objektiv entitet (noget, der eksisterer uafhængigt af, om vi iagttager det) og bliver reduceret til udelukkende at være en subjektiv oplevelse. 'Alice in Wonderland' er med et trylleslag blevet lige så virkelig som ens selvangivelse, da det nu er op til den moderne forbruger at vælge, hvad man vil tro på. Hvordan kan vi da skelne mellem virkeligheden og fortællingen om virkeligheden? Fortællingen er vel også 'virkelig' i en vis forstand? Selve definitionen af begrebet virkelig har således flyttet sig.

Verden bliver åbenbart tilpasset vores behov, hvis bare vi fornægter virkeligheden ihærdigt nok og insisterer på vores egen fortælling som mere 'virkelig'. I eksemplet fra før blev mobiltelefonens virkelighed for den dræbte piges vedkommende åbenbart bedømt som klart mere væsentlig end den fysiske tilstedeværelse af en fremstormende bil. Denne prioritering indebar i dette tilfælde, at myndighederne valgte at fremstille et ekstra lag på teknologien i form af den digitale fortælling for således at friholde individet fra at skulle forholde sig til den analoge side af virkeligheden (altså biler og den slags fysiske objekter). Sidstnævnte er i stadigt højere grad den digitalt redigerede fremstilling af verden uvedkommende.

Mange moderne mennesker benytter sig af den digitale virkeligheds muligheder, f.eks. når man betaler med MobilePay i stedet for pengesedler. Der er allerede bygget et nyt digitalt lag på denne udvikling, da man nu kan erstatte sin mobiltelefon med en chip i et armbånd eller en signetring, hvis man altså for alvor vil imponere sin date. Hvor ender det? Til sidst behøver man ikke at bevæge sig ud på restauranten mere, men kan nøjes med en fjernstyret, digital udgave af sig selv, en *Avatar* i en virtuel virkelighed. Så vil mennesket for alvor have overflødiggjort sig selv.

Virkeligheden bliver således noget, man kan redigere efter behov, og det er i stigende grad blevet den nye norm. Vi lever på hver sin ø og skaber vores egne små, identiske universer, ofte uden at kunne skelne mellem vores digitale virkelighed og resten af verden. Vi opdager ikke, at vi driver i hver sin retning, væk fra hinanden, for vi rider på en bølge. Vi *er* bølgen! "Vi ser ikke problemer, kun udfordringer", som en anden floskel fra konsulent- og kursusvirkeligheden fortæller os.

Der er tale om et komplekst forhold mellem individets oplevelse og den virkelighed, vi i fællesskab kan blive enige om. Det er netop de sociale fællesskaber, der historisk set har dannet grundlag for udviklingen af det moderne samfund, dets teknologiske fremskridt og dermed de kulturelle betingelser, der former det moderne individs virkelighed. Historien om fællesskaberne er vores fælles historie: udviklingen af landbruget, bysamfund, sprog, kultur, retsstaten, filosofi og videnskab. Disse idéer er opstået i en kulturel sammenhæng og en social kontekst. Ligningen går begge veje: Enkeltpersoners idéer var forudsætning for fælles fremskridt, lige så meget som at fællesskabets struktur var mulighedsbetingelse for individets dannelse, sprog og tænkning. Denne udvikling kan ikke ensidigt forklares ved neoliberalistens påstand om 'det enestående individs præstationer' eller med udviklingen af en digital parallelvirkelighed.

Men denne historiske sammenhæng er ved at forsvinde som sneen på en forårsdag. Nu er samtalen blevet tømt for indhold, og vi deler de samme trivielle oplevelser og samler på likes. Hvert menneske opfatter sig selv som lige så unik som alle andre. Vi *styler* vores udseende og fremtræden, følger kurser i markedsføring, men vi har glemt, hvem vi er. Nu er enhver sin egen lykkes smed. Konkurrencesamfundet dikterer, at vi indgår i en *virtuel combat* mod alle de andre. Nu opfattes det i stigende grad som uvæsentligt eller direkte pinligt at spørge hvorfor.

Den grundlæggende splittelse kan ikke længere bestemmes til at omhandle noget bestemt, såsom det voksende skel mellem rig og fattig, os-og-dem-problematikken eller kultur-natur-modsætningen.

Den viser sig først og fremmest i den iagttagelse, at vi ikke længere magter at skelne mellem verden derude (an sich) og vores forestillinger om den. Ved hjælp af teknologiens bølge har vi fjernet os fra verden og dermed fra vores referencepunkt. Verden opleves nu som en historieløs 'virtual reality', en virkelighed, hvor alt er blevet arbitrært, lige gyldigt og dermed ligegyldigt, da vi kan tænde og slukke for den, som det passer os.

2 Forenklingen – den lette vejs fristelse

I vores informationssamfund afhænger meget af den måde, informationer bliver serveret på for os, forbrugerne. Reklamer og markedsføring former vores forbrug og adfærd og er med til at skabe en opfattelse af realiteterne, der kun er en selektiv kopi af den virkelige verden. Ordet *reduktion* kommer af latin 'reductio', af re- (tilbage) og ducere (føre, lede).

Reduktion er desuden ikke bare en kemisk betegnelse for oxidationsprocesser, men også et andet ord for formindskelse eller forenkling. Altså der, hvor man fjerner eller udelader noget fra det oprindelige. Informationsreduktion handler således om at skære ned i antallet af tilgængelige eller relevante informationer med den hensigt at gøre et budskab mere overskueligt og tilgængeligt for den, budskabet er tiltænkt. Herved kommer ordets grundbetydning (ducere = at føre, lede) til at stå i et helt nyt lys, for man kan reducere så meget, at man ikke bare fører, men direkte forfører. Forenkling kan være manipulerende.

Hvad der er relevant, og hvem det er relevant for, hviler på en vurdering – et skøn. Det er afsenderens formål, der afgør, hvordan en given mængde information formidles. Hvis jeg vil sælge dig et produkt, vil jeg ikke opremse alle de ulemper og omkostninger, der er forbundet med produktet, men begrænse informationsmængden til det, der gavner mit forehavende; at gøre dig interesseret i produktet. Det kan gøres ved at skabe en fortælling om en person, du kan identificere dig med, så din emotionelle side stimuleres på bekostning af din rationelle og kritiske side.

I politik, for nu at tage et evigt aktuelt eksempel, minder formidlingen mere og mere om forførelse, netop fordi den har en bestemt hensigt og derfor ikke er neutral. Et af reklameverdenens dogmer er, at enkle og markante budskaber sælger bedre end nuancerede budskaber. Begrundelsen er, at enkle budskaber er lettere at forstå og derfor får mere opmærksomhed end komplicerede budskaber. Hvis man gerne vil have topkarakter til en eksamen, skal man ikke fortælle alt, hvad der er relevant, men kun det, eksaminatoren og censoren er interesserede i at høre. Hvis man har en god fornemmelse for dette, har en evne til at virke overbevisende og en sans for dramatik, behøver man ikke at være særligt vidende for at bestå. Demagoger og populister lever godt i disse tider.

Man må tilsvarende præsentere et oplæg på en sådan måde, at det er overskueligt, enkelt og tilpasset modtagerens forventninger. Disse forventninger, både afsenderens og modtagerens, er medbestemmende for formgivningen af det, vi skaber. Som surferen rider vi på en bølge, men bølgen fører os uvægerligt nærmere kysten. Friheden er kun tilsyneladende og gælder kun lokalt. Vi er underlagt dybere strømninger.

Det fortæller os noget om den menneskelige hjerne, da den automatisk vurderer, hvad der er interessant for os, og hvilken information der er uinteressant for os individuelt, lokalt og i enhver given situation. Vi overvejer ikke først, hvilke overordnede relevanskriterier vi bør anvende, men har allerede en mening om en sag, inden vi kender til hele sammenhængen.

Især i en tid, hvor vi bliver overdænget med informationer hele tiden, tvinges vi lynhurtigt til at frasortere alt det, der ikke forekommer umiddelbart relevant. Efterfølgende kan vi se, at der findes kriterier for, hvilke slags informationer vi har prioriteret. Disse vil typisk indgå i en overskuelig (for nemhedens skyld) opskrift, man får præsenteret på et kursus om effektiv formidling:

Formidlingen skal være klar og præsentere sig på en tilgængelig måde, gerne visuelt. (En PowerPoint-præsentation giver ofte højere score end en flipover-tavle).

Informationen skal beskæres, sådan at den virker umiddelbart relevant for modtageren – ikke i morgen eller i en teoretisk fremtid, men i en for vedkommende genkendelig situation. Det kaldes en skarp vinkling.

Budskabet skal være konkret og let at forstå, så modtageren ikke skal bruge en masse tid og energi på at afkode svære begreber eller indhente supplerende information for at kunne afgøre, hvad informationen betyder, og hvad meningen egentlig er. Enhver fortolkning øger risikoen for fejlfortolkning.

Det ligner et Kinderæg eller informationsfilosofiens svar på fastfood, hvor det hele serveres på et sølvfad uden de nødvendige fibre, der stimulerer tarmene, så man ikke får forstoppelse. Vi gør det, der virker lokalt, og ophæver det derpå til lov. Relevanskriteriet har så at sige flyttet sig fra at være udgangspunktet til at være konsekvensen af en proces.

Også vores bedømmelse af andre tager ofte udgangspunkt i vores egne erfaringer og normer. Et godt råd kan meget nemt lyde bedrevidende, hvis det starter med *'Jeg* gjorde' og ender med *'Du* ku' jo bare'. I så fald tager det gode råd ikke udgangspunkt i den andens livssituation, men i rådgiverens egne forestillinger om virkeligheden (svarende til teenageren fra før med mobiltelefonen). Vores egne lokale oplevelser kan ikke altid ophæves til at gælde for enhver i enhver situation. Den slags generaliseringer fører nemt til stigmatiseringen af andre. Dette kan undergrave ethvert fællesskab.

Det bliver mere og mere synligt i disse tider, at der er et misforhold mellem individets interesser og fællesskabets interesser. Landets love og de sociale strukturer, de bygger på, skal helst referere til en fælles virkelighed, noget, vi alle i princippet kan genkende og forstå. Hvis lovene laves som dekreter, 'ordre fra højeste sted', så udtrykker de et magtforhold, hvor bestemte individers virkelighedsopfattelse påtvinges andre. I et demokrati må man til gengæld tilstræbe en form for konsensus, hvor man diskuterer sig frem til, hvad der opfattes som 'ret og rimeligt' ud fra en fælles erkendelse af virkeligheden. Mangel på en fælles virkelighedsreference kaldes for fragmentation, altså ø-dannelse og fremmedgørelse.

Virkeligheden kan netop se meget forskellig ud, alt efter

hvem man er, og hvor man står. Kun ved hjælp af en god portion empati og ved at sætte sig ind i principper bag det umiddelbart fremtrædende kan man nå frem til en fælles forståelse af en fælles virkelighed. Hver især står vi med en lille brik af et større puslespil, hvis mønster kun bliver synligt, når vi arbejder sammen. Hvis ikke vi respekterer denne overordnede struktur, men kun ser på vores egne interesser, så vil magt bestemme, og resultatet for helheden blive ringere. I et ulige samfund vil magten bestemme mere, og derfor vil det være mindre stabilt. Virkeligheden gør modstand, hvis mennesket ikke forholder sig til andet end sine egne behov.

Mennesket er programmeret til at tage den mindste modstands vej for at nå til sit mål. Derfor kan vi nemt blive afhængige af sukker og lettilgængelige kalorier, på samme måde som vi nøjes med at gøre det, der kan løse vores opgave her og nu. Vores handlinger er derfor ikke altid lige så reflekterede, som vi tror, de er. Når vi ikke overvejer, hvad vi gør, før vi har gjort det, styres vi af andet end fornuften og indsigten, selv om vi efterfølgende nok skal finde en argumentation, der skal virke overbevisende.

Der er tale om en slags selvbedrag, og her synes der at være en sammenhæng med menneskets generelle modtagelighed over for andres fortællinger, for eksempel populistisk propaganda. At lade sig føre eller forføre er følelsen af at afgrænse sin verden til at omfatte lige netop det, man i forvejen har bestemt sig for at kalde 'virkeligt'.

Markedsføringseksperter og sælgere er gode til at udnytte denne egenskab, og deres forførelseskunst står i høj kurs i dag. Retorik, eller veltalenhed, er tilsvarende populært, da ordkunst og beherskelse af sproglige virkemidler forventes at gavne folks evne til at formulere sig på en troværdig og overbevisende måde uanset budskabets indholdsmæssige lødighed. At forenkle et kompliceret budskab kan nemt føre til en forfladigelse eller et tab af mening, men i konkurrencesamfundets jagt på produktivitet, målt i *output* per enhed, er der fokus på, hvorvidt den individuelle indsats giver overskud.

De bløde, procesorienterede variabler, såsom hvor godt de enkelte individer arbejder sammen eller trives i fællesskabet, må vige for konkrete tal, der indikerer et bestemt resultat. Moderne sygehuse er tvunget til at anvende mange ressourcer på at måle og dokumentere deres produktivitet, hvilket måles i antallet af indlæggelser og behandlinger – ikke i antallet af raske patienter. For at opnå den højeste score, og tilsvarende det højeste tilskud, er sygehusene tvunget til at udskrive patienter før tid, hvilket kun viser, at tal og økonomi er vigtigere end mennesker. Tal er som sukkerknalder, koncentreret og letfordøjelig information. Tal kan således nemt komme til at erstatte argumenter, som ofte er svære at forholde sig til. Et valg synes nemmere at træffe, når man bliver præsenteret for en reduceret mængde informationer. Det er en form for magelighed, der sommetider kan føre til uforudsigelige fejl, som paradoksalt nok kan få uoverskuelige konsekvenser for det ellers så enkle og overskuelige valg, der blev truffet i første omgang.

Selv om den sunde fornuft fortæller os, at vi bør spise rodfrugter og rugbrød til, så fristes vi konstant af søde sager. For vores følelse er det et utvetydigt positivt budskab, at chokolade eller rødvin erklæres for 'sunde', for her skal vi ikke den lange omvej for at få vores tanker til at flugte med vores umiddelbare oplevelse. Det beskrives som positivt 'at plukke de lavt hængende frugter', og når det tilmed føles godt, hvad kan der så være galt? Nydelsen styrer os lettere end fornuften, og sanserne er mere forførende end tankerne. Derfor foretrækker vi en instrumental tilgang til verden; den lette vej, hvor vi ikke behøver at tænke i store sammenhænge, men ophøjer vores lokale erfaring til at have en generel betydning.

Det er dovenskaben, der fører til pragmatik. Ingen forventes at gå over åen for at hente vand. Men vi ved også, at lige meget hvad vi gør, er der altid noget i vejen. Vi skifter bare kanal og lytter til et budskab, der er lidt lettere at fordøje. Noget, der giver nydelse her og nu. Det er denne pragmatiske tilgang, der fører til den opportunisme, hvor vi oplever problemer som udfordringer og risici som chancer. Vi definerer verden, så den svarer til vores behov, også når vi skal lyve for at skabe illusionen.

Livet er et spil poker, hvor kun den, der tager store chancer, gør sig fortjent til den store gevinst, siger vi – især når vi vinder. Børsspekulanten vil derfor typisk tjene mere end sygeplejersken. Held er ikke noget, vi vælger, men alligevel bliver ludomani en livsstil, for enhver ved, hvor rart det føles at være 'en vinder'. Risici gider vi ikke høre om, når chancen byder sig

Efterfølgende er der kun et lille skridt til kynismen, hvor man bortkaster principper som hensyn og empati, da de kun står i vejen for at nå målet hurtigere end konkurrenten. At ville være en vinder indebærer, at man må ofre idealet om fællesskab og erstatte det med en 'de andre eller mig'-opfattelse. Når de andre taber, kan det retfærdiggøres ved at hævde, at man selv er en vinder. De andre er vel selv skyld i at tabe. Kun når man selv taber, er der tale om en dyb uretfærdighed. Her behøver livet ikke at være mere kompliceret, end at man kan nå lykken ved at springe fra tue til tue, selv om man risikerer at ende midt i sumpen. Frihed defineres som fri for ansvar, impulsstyret, risikovillig, adrenalinjunkie m.v. Men forenklingen næres af fristelsen og forførelsen og ender i en splittelse. Både i forhold til én selv og i forhold til omverdenen.

Raskt nærmer vi os kysten, men vi ved ikke, om det er en klippekyst eller en sandstrand. Vi er så sandelig blevet ét med bølgen og føler os frie, men det er bølgen – eller vores emotionelle impulser – der styrer vores adfærd. Vi identificerer os altså med det, vi sanser, formuleret i en fortælling eller komprimeret i en opskrift, mens vi bilder os ind, at vi er rationelle fornuftsvæsner. Det er selvfølgelig et selvbedrag, der virker, udelukkende fordi vi er enige om ikke at stille kritiske spørgsmål.

Illusionen er, at vi er højteknologiske og derfor rationelle. Men at bruge tekniske hjælpemidler, intelligent design eller 'smartphones' til at blive mere effektiv er ikke det samme som at være rationel og vide, hvor man er på vej hen. Hvad skal man med en gps, hvis man ikke aner, hvor man er, og ikke har et mål? Hvad skal man med en fjernbetjening og et tv, hvis ikke der er et ordentligt program? Frie er vi heller ikke, selv om vi har alle muligheder i et moderne samfund. Vi er slaver af vores vaner, vores forbrug og alle de materielle ting, vi omgiver os med. Afhængige af chokolade og rødvin – eller de andres opmærksomhed, accept og respekt, således at vi konstant er underlagt en følelse af tvingende nødvendighed til at redigere vores Facebook-profil og selvopfattelse, beskære vores virkelighed og agere på bestemte måder.

Denne følelse af nødvendighed vokser sig større, jo flere forventninger vi har. Vi har skabt en verden, hvor alt handler om at leve i den fortælling, hvor vi selv er stjernen. Rigdom, som midlet til at virkeliggøre drømmen, bliver et mål i sig selv. Det er pengene, som det moderne menneskes mulighedsbetingelse for umiddelbar, personlig behovstilfredsstillelse, der styrer samfundets udvikling.

Vi rider på en tsunami!

3 Identitet – at være og at ville

Når der er tale om en persons identitet, så er der først og fremmest tale om vedkommendes selvopfattelse, dernæst omverdenens opfattelse af vedkommende. Forholdet mellem de to bestemmes af faktorer som personens psykiske beskaffenhed, magtforhold og kulturelle forhold. Kultur skal her forstås som de normer og værdier, der indgår i det samfund, der præger en persons liv og handlinger. Det er ikke ligegyldigt, om man er født i f.eks. Kina, Peru, Zambia eller Danmark. Hvert land og region har sin egen kultur, sprog og religion, der former et menneskes liv og selvopfattelse. Desuden er det ikke ligegyldigt, om man er født i en rig eller fattig familie, om ens far var skomager, eller man havde curlingforældre. En 'vinder' er en person, der er vant til (forventer) at få sin vilje og selv mener, det er fortjent. Ens selvforståelse såvel som omverdenens opfattelse af én kan således variere temmelig meget, alt efter omstændigheder som man ikke selv har bestemt.

På det seneste har kulturelle faktorer vist sig at være af stor betydning, for eksempel når syriske (og andre) flygtninge strømmer ind i Europa og dermed importerer en helt anden kultur end den, vi kender og føler os trygge ved. Det har skabt en del uro og debat, ikke mindst fordi vi selv står i en krisesituation og føler os sårbare. Kulturkollisionen udgør et væsentligt problem, der er svært at tale om. Følelserne går højt, når folk føler sig personligt truet på eksistensen midt i en økonomisk krise. Netop i denne situation er det essentielt at bevare hovedet koldt og besinde sig på sin egen identitet og ikke lade sig forføre af en stigmatiserende fortælling, der reducerer mennesker til stereotyper.

I denne moderne verden og i denne tid kan vi nemt komme i tvivl om, hvem vi faktisk er. Det er kun de modigste af os, der tør standse op og stille spørgsmålet: Hvem er jeg? Er jeg et produkt af min opdragelse, min kultur eller omverdenens dom? Er jeg det, jeg selv tror, jeg er, eller er jeg lig med summen af mine handlinger og resultater? Det er ikke helt så ligetil at komme med et gennemtænkt og kvalificeret svar, der giver mening for alle.

Udfordringen viser sig allerede med opdelingen af verden i 'dem og os', eller dem, der holder med os, og dem, der holder med fjenden, som G. W. Bush sagde efter 9/11. Alt for sent opdager vi den pris, vi må betale for et sådant forenklet verdensbillede. I USA bliver flere dræbt af private våben og masseskyderier end af fremmede aggressorer. Det er svært at bevare åbenheden og tilliden i en verden af potentielle trusler, især når man ikke formår at placere den egentlige trussel korrekt. Er truslen ens nærmeste? Dem fra konkurrerende idrætsforeninger (Brøndby – FCK) eller virksomheder? Dem fra et fremmed land? Dem med en anden politisk overbevisning eller religion? Der er mange muligheder for fjendebilleder.

Når man har gjort sig så mange anstrengelser for netop ikke at lade sig forstyrre i sine målrettede bestræbelser på at blive et konkurrencedygtigt individ, opleves *de andre* ikke bare som midler til et mål, men også som trusler mod ens egne mål. Et pragmatisk liv, der handler om at skaffe sig flere penge med alle midler, kan ikke undgå at påvirke ens ageren i forhold til andre og dermed have afsmittende virkning på ens identitet. Som magtmenneske har man aldrig fri. Man har ikke råd til at falde ud af rollen, for det vil blive opfattet som et svaghedstegn, og så holder man ikke ret længe i *den* verden. Ens rolle bliver ens identitet, og det er ikke blot en maske, man tager på. Masken bliver en uadskillelig del af én selv. Lidt som Jim Carrey, der i filmen "The Mask" siger "Smoking!", mens der står røg ud af munden på ham.

For at få magten til at virke skal magtmennesket bruge nogle midler. Frygt er det klassiske virkemiddel, allerede beskrevet i Machiavelli "Fyrsten", hvor fyrsten siger: "Det er fint, hvis folket elsker mig. Det var bedre, om folket frygtede mig". Tilsvarende i filmen "Gladiator", hvor den korrupte kejser siger: "Hvis ikke folket frygter mig, hvordan kan de så respektere mig? Og hvis ikke de respekterer mig, hvordan kan de så elske mig?". Frygten er magtens første virkemiddel.

Et andet og mere subtilt virkemiddel er manipulation. I den moderne verden, hvor finansverdenens aktører måles på resultater, findes der mange eksempler på manipulation. Magthaverens renommé fremgår eksempelvis af det tal, der står på bundlinjen, og vises i den overdådige livsstil, der afkræver omverdenens respekt. Prisen for de imponerende resultater betales oftest af dem, der ikke har magt. Her kan lovgivningen også bruges som et virkemiddel til at fremme bestemte interesser. Loven handler ikke nødvendigvis om moral, men er blot et sæt spilleregler, som man kan benytte sig af, blot man har råd til den bedste juridiske backup. Man må ikke forveksle jura med moral.

Krav om lydighed, føjelighed eller kærlighed (om end misforstået, da den netop ikke kan afkræves) bakkes ofte op af trusler om sanktioner. I moderne management hedder det 'et incitament'. Men incitamenter er ikke altid helt rationelle eller logiske, selv om netop menneskets rationelle element ofte fremhæves i økonomiske teorier og modeller, der gerne vil gøre brug af forudsigelighed (for eksempel i DREAM: Danish *Rational Economic Agent Model*, som benyttes i Finansministeriet til at forudsige borgernes økonomiske adfærd).

Incitamenter virker. Ikke fordi de er rationelle, men derimod gennem følelser som angst og begær, der udløses ved brugen af skræmmebilleder eller lokkemidler.

Immanuel Kant ville sige, at fornuften er evnen til at tænke over forstanden. Forstanden er her det redskab, vi bruger i dagligdagen, og fornuften blive den måde, vi bliver selvreflekterende. Opfattelsen af begreber som mening, fornuft og rationalitet er væsentlige i denne forbindelse, om end de ofte er tvetydige. Rationalitet betyder ikke bare 'fornuft', som man skulle tro, men også 'svarende til et bestemt, mere eller mindre forudsigeligt mønster'. Et velordnet system kan således opfattes som rationelt. Det kan for eksempel være rationelt at tro på eksakte beregninger, selv om formålet med disse strider mod enhver fornuft. Førnævnte krigsforbryder, Eichmann, var et yderst rationelt og pligtopfyldende menneske, men ingen vil hævde, at det var fornuftigt at udrydde seks millioner uskyldige mennesker. Det rationelle handler ofte om forudsigelighed og systematik. Det indebærer dog ikke nødvendigvis, at det er irrationelt, hvis man gør noget uforudsigeligt eller kreativt.

En tilsvarende analyse af begrebet 'mening' fører til spørgsmålet: Kan oplevelsen af mening kun forekomme i et genkendeligt og velordnet univers? Svaret må være nej, fordi mening netop beskriver en relation, og fordi den afhænger af, for hvem noget er genkendeligt, og hvem der definerer, hvad der menes med 'velordnet'. Hvor rationaliteten kan bestemmes inden for en bestemt kontekst, er bestemmelsen af fornuften i langt højere grad afhængig af referencer til noget uden for sin egen kontekst.

Måske er det nye kun nyt, fordi det fremstår som en bevægelse på baggrund af en fastlagt kulisse, som en fugl, der flyver forbi, men synes bevægelsesløs på himmelhvælvingen. Kan mening tilsvarende kun blive synlig i en (for betragteren) genkendelig sammenhæng? Hvad der er genkendeligt eller ej afhænger af, hvem 'Jeg' er, og hvor 'Jeg' står. Med andre ord er identitet og perspektiv centrale i denne sammenhæng.

Alle kan opleve, men vi gør det hver for sig, og vi må derfor finde mening hver for sig. Kun ved at kende sig selv (og, på en måde, bruge sig selv som et referencepunkt), kan man bedømme noget uden for sig selv. Således bliver identitet (den, man selv oplever at være og den, andre oplever én at være) et udtryk for relationen mellem 'mig' og 'verden'. Den giver kun mening (for 'mig') for så vidt jeg er autentisk, altså ikke foregiver at være noget andet, end det, jeg oplever at være. Det er en fortløbende proces, da både dette 'jeg' og verden er under konstant forandring. Der er hele tiden fristelser og trusler, der udfordrer identitetens autenticitet. Man kan altid identificere sig med visse grupper, visse værdier eller hvad som helst. Men hvis man gør det af de forkerte grunde, så mister man mening.

I pædagogikkens verden har man to modsatrettede måder at understøtte en identitetsudvikling; en konsekvenspædagogik og en anerkendende pædagogik. Den første handler om straf og belønning svarende til de økonomiske incitamenter, regeringen bruger i forsøget på at aktivere ledige borgere, mens den anden handler om at anerkende den anden som person og dernæst se på, hvad der er behov for. Hvor den ene håndhæver en fastlagt (og dermed forudsigelig og 'rationel') norm, åbner den anden for en individuel fortolkning (reference). Selv om den sidste metode virker mest human og sympatisk, risikerer man også her at falde i 'problemfokus-fælden', hvor man nøjes med at se på, hvad der er galt, og, ud fra en fastlagt skabelon bedømme, hvad der skal tilføres for at rette op på skaden.

'Anerkendelse' kan nemt reduceres til en floskel, hvis ikke den starter med en grundlæggende accept, hvor man møder andre i øjenhøjde. Hvis man derimod starter med at fokusere på det, der mangler for at nå et bestemt sted hen, så har man på andres vegne allerede på forhånd defineret dette mål og dermed defineret den ramme, inden for hvilken mening kan udfolde sig. Hvis det offentliges mål (og mening) er 'at få den ledige hurtigst muligt ind på arbejdsmarkedet', er resten blot et spørgsmål om de midler, der skal anvendes for at nå dette overordnede mål. I virkeligheden kan incitamenter nemt blive til trusler, og mennesket risikerer at blive reduceret til et problem, der skal løses. Der er altså tale om en tingsliggørelse, hvor der mangler respekt for individet.

Nu kan man bemærke, at mennesker ikke er som defekte biler. Mennesker har som regel allerede en selvopfattelse og en vilje. De kan forventes at reagere uforudsigeligt. Grunden til, at vold og trusler om vold overhovedet har en virkning på mennesker (og ikke på biler), er, at mennesker normalt kan se en sammenhæng mellem handling og konsekvens. De har en forestilling om fremtidens pinsler og lidelser, som de vil gøre hvad som helst for at undgå. Til gengæld kan mennesker ofte handle på rygraden eller ud fra indskydelser, uden at omverdenen kan se det rationelle i handlingen.

Men hvis mennesker har en forestilling om sammenhæng mellem handling og konsekvens (straf eller belønning), så er reaktionen forudsigelig, og den kaldes derfor rationel. Menneskets naturlige uforudsigelighed gør, at det er svært at anvende den kvantitative og statistiske metode, som den økonomiske tænkning benytter sig af. Man anvender derfor incitamentredskabet for at reducere uforudsigeligheden. Det samme gælder for træningen af en hund, hvor der vanker en godbid, hvis den gør, som mesteren kræver. Dette kaldes adfærdsmodifikation, svarende til 'nudging' som redskab til adfærdsændring. Såvel en positiv som en negativ forestilling kan etableres ved hjælp af en erfaring eller ved hjælp af en fortælling, der virker troværdig, om end den ikke behøver at være sand. Også et tomt skydevåben eller en løgnehistorie kan have den ønskede effekt.

Det klassiske eksempel herpå er den russiske adfærdsforsker Pavlov, der lavede et forsøg med hunde, der fik mad (belønning), hver gang han ringede med en klokke. Til sidst savlede hundene bare ved lyden af klokken. Mennesker kan, ligesom hunde, trænes til at reagere automatisk ved bestemte stimuli eller forestillinger om belønning eller straf. Selv om denne betingede reaktion på grund af sin forudsigelighed kaldes for rationel, er den ikke resultatet af en bevidst tankegang. Rationalitet og bevidsthed er to vidt forskellige ting. En rutinepræget adfærd er ikke tegn på bevidsthed, men snarere mangel på samme.

Magtmennesker benytter sig også af fortællinger, når de adfærdsmodificerer andre mennesker. Hvis de kan få folk til at tro på en fortælling, kan de udnytte folks egne følelser som motivation til ureflekterede handlinger. Her er der altså tale om en slags betinget refleks svarende til Pavlovs hunde. Når folk handler ud fra en tro eller en overbevisning, handler de ud fra følelser

– ikke nødvendigvis fornuft. Hvis man ureflekteret godtager en værdiladet fortælling (f.eks. om flygtninge) eller accepterer en holdning, så er der en reel risiko for, at man bliver brugt som middel til andres mål. Det er kun den bevidste refleksion, vurdering og afvejning, der gør det muligt at vælge frit i et eller andet omfang. En sådan refleksion forudsætter, at man har bevidsthed om sin identitet, sin situation og dermed forholdet mellem sit eget og andres perspektiv.

Med den nuværende regerings reklameren for incitamentpolitikken kan det være på sin plads at spørge, om trusler virker lige godt i alle tilfælde? Vil man for eksempel betale en regning, bare fordi der er kommet en trussel om en klækkelig bøde oveni? Vil man pludselig få sig et arbejde efter flere år som ledig (fordi ingen vil ansætte én), bare fordi man risikerer at miste dagpengene eller bliver truet med en nedsættelse af ydelsen? Hvis ikke man har mulighed for at undgå eller i det hele taget at havne i den situation, er trusler ingen hjælp. I sådanne tilfælde vil truslen ikke føre til den adfærd, den truende part har ønsket. Til gengæld vil den truede part opleve en velbegrundet følelse af afmagt ved sin situation. Vedkommendes integritet såvel som identitet er under angreb.

Identitet er en sårbar størrelse, for der skal helst være en vedvarende oplevelse af konsistens mellem det, man føler, man er, og det, man oplever, omverdenen tror om én. At blive bebrejdet eller anklaget for noget, man ikke kan ændre på, kan gøre enhver desperat og frustreret. Man føler sig tingsliggjort og stigmatiseret, hvilket næppe er et konstruktivt udgangspunkt for nogen.

En lille anekdote: En mand blev født lige inden 2. verdenskrig og kom på børnehjem, da han var tre år. Dengang, i 30'erne, havde man en helt anden opfattelse af børn og opdragelse. Da han tissede i sengen af angst for tyskernes bomber, fik han skældud og blev straffet. Nu var han ikke kun bange for de natlige bombefly, men også for afstraffelsen, hvilket ikke ligefrem hjalp på problemet.

Det er en tilsvarende konsekvenspædagogik, man bruger i dag til at true de 'dovne' ledige i arbejde, når ministeren fremlægger sine økonomiske incitamenter og nedskæringer som en 'hjælp' til at få 'de ledige' op af sofaen. Denne førkrigspædagogik har selvfølgelig ingen positive effekter på beskæftigelsen, men til gengæld øger den de offentlige udgifter til sygefravær, stress, depression og lignende effekter af det, man kalder incitamenter. Uanset viljen til at skaffe sig et forsørgelsesgrundlag er til stede, så er situationen nu engang den, at der ikke er plads til alle på arbejdsmarkedet. At straffe de uheldige eller belønne de heldige er en konsekvens af en stupid forenkling, hvor verden fremstilles retlinet og enstrenget. Det er en dårlig undskyldning at kalde dette for en 'rationel' politik på baggrund af nogle beregninger eller ved at hævde, at enhver forøgelse i beskæftigelsen skyldes denne politik. Man må erkende, at ikke alt kan forklares via et Excel-ark. Den rationelle metode, der kendetegner økonomien og den naturvidenskabelige tænkning i det hele taget kan ikke uproblematisk overføres til også at gælde for mennesker, der har en bevidsthed og derfor en fri vilje.

Når forestillingen om en virkelighed erstatter virkeligheden 'derude', kan man redigere i den, som var det en roman eller et filmmanuskript. Vi har allerede bestemt, hvem der er helten, og hvem der er skurken. Nu skal det bare fremgå af fortællingens handlingsforløb, uanset om fakta taler en imod. Faktiske årsagssammenhænge kan vi se bort fra, for de bliver jo erstattet med fortællingens fiktive kausalitet. Historien behøver jo ikke at være sand for at virke. Faktisk virker den bedre, når den ligner et fantasy-univers, hvor magi og overnaturlige kræfter indgår i hovedpersonernes arsenal af virkemidler. Troværdighed og sandfærdighed har intet med hinanden at gøre i fortællingens univers. 'Store ledere' som Kim Il Un og Donald Trump har for længst opdaget dette.

I denne fortælling formes en del af vores identitet, hvor vi er tvunget til at fremstille os selv i den 'rigtige' rolle. Identitet er her ikke længere et enten-eller, men et forløjet både-og. Vi er det, vi gør, det, vi tror, og det, vi kan få overbevist omverdenen om, at vi er. Vi 'framer' os selv i en rolle, sætter en kulisse op med tilbehør, tøj, biler, udstyr osv., så vi ligner en succes. Forskellen mellem rollen og personen udviskes nemt i det moderne samfunds digitale fortælling, så man kan komme helt væk fra sig selv.

4 Rammer og reduktion i forhold til virkelighedsopfattelsen

Efter at have set på selvopfattelsen i spørgsmålet om identitet, vil jeg i det følgende kigge lidt nærmere på, hvilke konsekvenser opfattelsen af virkeligheden og verden i øvrigt har. Her er begreber som 'sandhed' og 'mening' klassiske temaer. Nogle gange giver det mening at nøjes med at se på et lille udsnit af virkeligheden. Afgrænsningen af virkeligheden til en mere overskuelig størrelse kaldes for reduktion. En sådan reduktionistisk virkelighedsopfattelse bliver problematisk, når den indsnævrer virkeligheden til at handle om det, man i forvejen mener, blot fordi det er bekvemt. Det kan resultere i fordomme, hvor man altså dømmer mennesker, ikke ud fra en rimelig og virkelighedsnær betragtning, men ud fra hvad der passer i ens egen interesse.

Det er nemmest at finde 'sandheden' ved at lede i et lukket eller begrænset system. Blot det at begrænse antallet af muligheder kan give en oplevelse af kontrol. Dette er selvfølgelig en illusion, for verden gør modstand og retter sig ikke ind efter en tilfældig, subjektiv forestilling om en afgrænset virkelighed. Blot det at blive bekræftet af sine omgivelser er selvfølgelig et incitament til at have en fiks og færdig mening om alting og 'verden' i øvrigt, med det er ikke sikkert, at ens betragtninger gælder længere end inden for ens egen lille boble.

Meget af det, vi kalder 'kultur', bygger på forestillinger. Nutidens 'virtual reality' er et eksempel på en menneskeskabt virkelighed, hvor vi kan skabe en fornemmelse af kontrol. Men allerede det, at denne verden bygger på et binært talsystem, der definerer verden som et enten-eller (0-taller og 1-taller), antyder, at der er indbygget nogle reduktive og subjektive afgørelser og præmisser. Sådanne systemer kan sagtens fremstille komplicerede og mangfoldige sammenhænge, men kun under forudsætning af, at der har været nogle mennesker, der har programmeret (og dermed reduceret) systemet med en bestemt hensigt. Systemet kan ikke selv vurdere eller afgøre, om der skal være tale om et 1-tal eller et 0-tal. Selv om systemet følger logikkens regler, er udgangspunktet altid, at mennesket er ansvarligt for forudsætningerne, værdier, hensigter og alt, hvad der giver mening. Logiske systemer uden bevidsthed kan ikke i sig selv have mening, hensigt eller vilje eller fælde normative domme. De retter sig efter programmørens hensigt.

Men hvad er det så, der konstituerer vores forestilling om verden? Hvad gør, at noget 'giver mening', mens andet ikke gør? Ifølge mange filosoffer (som Kant og Hegel) er det selve fornuften og menneskets erkendelse af den grundlæggende, logiske struktur i verden, der skaber oplevelsen af mening. I sociologien benyttes begrebet 'affortryllelsen af verden', som betegner den udvikling, hvor det moderne menneske efterhånden erstatter de fantastiske antagelser og fortællinger (især religiøse) med en sekulær, rationel og mere objektiv-videnskabelig forståelse af verden. Sådanne teorier forklarer måske ikke ret meget, men de anskueliggør en bestemt opfattelse. Positivisme, som forestillingen om civilisationens udvikling hen imod en stadig mere rationel verden, hviler netop på den antagelse, at forenkling af vores anskuelse af verden er en god ting i sig selv. Sekulariseringsteorier beskriver, hvordan civilisationer bevæger sig væk fra de religiøse dogmer og hen imod klare fakta, videnskab og andre mere retlinede opfattelser.

Alligevel ser vi også en modsatrettet tendens, i form af at f.eks. fortællingerne vinder frem på bekostning af faglitteraturen, hvor alternative livsanskuelser opfylder moderne menneskers behov for at tro på 'noget mere mellem himmel og jord'. Men at tro på mere eller at vide mindre kan også være et moderne menneskes måde at afgrænse og få kontrol over sin verden på. Hver generation dyrker i en eller anden forstand en selvopfattelse som 'moderne' og ser sig selv som slutresultatet af en lang udviklingsvej. Med Monty Python in mente kunne man sige, at vi alle opfatter os selv som unikke på den selvsamme måde. Alle benytter sig af forenklinger og reduktionsmodeller, netop fordi komplekse sammenhænge kan være svære at forholde sig til. Vi skal bare være varsomme, når disse reducerede fremstillinger får deres eget liv uafhængigt af den komplekse virkelighed, de oprindeligt repræsenterede.

I det følgende vil jeg beskrive problemstillinger som arbejdsmarkedslogikken, indvandringen og miljøet, som eksempler på hvordan det er muligt at fornægte årsag og virkning og skabe sit helt eget univers ved hjælp af fordomme og forenklinger. Et aktuelt eksempel på sådan en holdning er, når vores politikere påstår som en selvfølgelighed, at det 'skal kunne betale sig at arbejde'. Påstanden begrundes indirekte ved at henvise til, at mennesker trives bedst i et fællesskab, eller moralsk ved at hævde, at enhver bør få en 'fair' belønning for sin indsats. I samme stund findes der ca. hundrede tusinde danskere, der er tvunget ind i ulønnede jobs for ikke at blive sanktioneret på den i forvejen meget lave ydelse, de er afhængige af. Hvorfor får disse mennesker ingen løn? Kan det for dem 'betale sig' at arbejde, når de ikke får en ordinær løn for det? Er det overhovedet 'fair', når de frarøves en mulighed for selvværd, i og med deres indsats ikke belønnes på lige vilkår med alle andre?

Der er flere grunde til, at politikerne kommer med sådanne åbenlyst selvmodsigende udtalelser om, hvad der kan eller bør (normativt) betale sig. En af grundene er, at ikke alt arbejde vurderes ens. Manuelt arbejde og primær produktion, altså der, hvor tingene faktisk laves, vurderes ikke til at have samme værdi som andet arbejde, hvor man for eksempel administrerer indsatsen, udarbejder planer og fordeler opgaverne eller måske programmerer digitale systemer. Hvis man kommer endnu længere væk fra den virkelige verdens produktion, så stiger indtægten eksponentielt. Finansiering eller bestyrelsesarbejde er længst fra produktionen, men kan bedst betale sig. Tommelfingerreglen er åbenbart, at jo længere væk fra produktionen man er, desto mere tjener man.

Allerede Marx og Engels beskrev disse forhold i 1860'ernes England, hvor de, der ejede produktionsmidlerne og derfor efterspurgte arbejdskraft, så de ikke selv behøvede at deltage i produktionen, blev meget rige, mens arbejderne sultede. Man kommer i øvrigt heller ikke ind i en bestyrelse eller en investeringsfond, fordi man har ansøgt om det, men fordi man er blevet anbefalet – måske af én, der sidder i en loge med ens rige far og har magt til at bestemme noget i den givne sammenhæng. Den slags lukrative poster kan man ikke uddanne sig til; de bliver fordelt internt, som privilegier og vennetjenester blandt ligemænd i et lukket fællesskab. Efterfølgende kan man begrunde sin succes med, at man har fortjent den, fordi man er 'dygtig'. Når ikke man kører i 'første klasse-kupeen', så er man ikke med i det rum, hvor privilegierne fordeles.

De mange liberalistiske politikeres verdensfjerne udtalelser kan ikke bare forklares med, at de ikke aner, hvad der foregår i samfundets produktionslag. Det er udslag for en bevidst prioritering, svarende til en bestemt ideologi. Et stort antal af danskere tvunget i aktivering uden ordinær løn er med til at sikre, at 'det kan betale sig' for arbejdsgiverne, der får udført arbejdet, uden det koster dem en krone. Regningen sendes videre til det offentlige og til skatteyderne, der finansierer de omkostninger, der er forbundet med dette ledighedscirkus.

Så bliver det lettere at forstå, hvorfor topskatten opfattes som urimelig. Når samfundet forærer de allerrigeste arbejdskraften, skal det ikke forventes, at modtageren af gaven glædeligt betaler sin del af regningen tilbage til fællesskabet. Det kan åbenbart 'betale sig' at straffe dem, man udnytter. Det sikrer et incitament, lidt som at piske hesten, selv om den allerede løber, alt hvad den kan. Det virker forebyggende at statuere et eksempel for dem, der endnu får en løn for deres arbejde, underforstået at fattige mennesker er vel fattige, fordi de enten er dovne eller uduelige (og ikke 'dygtige', som de privilegerede). Derfor opfattes det som indlysende at gøre det ekstra ubehageligt for dem, der er afhængige af andre. Det skulle nødig se attraktivt ud at være 'doven'.

I systemet er den korrekte betegnelse for disse tiltag 'skræmmeeffekten', for de viser, at al modstand er omsonst. Selv om man i princippet skal have en 'fair' belønning for sin indsats, ifølge de ansvarshavende ministre, så kan man vel knap nok betegne praktikantarbejde og lignende ulønnede opgaver for egentligt arbejde. I selveste loven skelner man mellem beskæftigelse og arbejde. Kun når der *ikke* gives offentlige løntilskud af nogen art, bliver et job defineret som 'arbejde'. Tilsvarende opfatter systemets vogtere det som helt urimeligt, at de fattige kræver en løn for deres beskæftigelse, selv om den aktiveredes opgaver kan være magen til den lønnede kollegas opgaver. For de fattigste må gælde de gamle visdomsord, at 'arbejdet bærer lønnen i sig selv'!

Det er selve kernen i de kapitalistiske, vestlige samfund: Balancen mellem producent og forbruger. Den neoliberale gruppe forsvarer individets såkaldte frihed og de rå markedskræfter, mens socialisterne forsvarer statens rolle som omfordelingsinstans, så uligheden holdes i skak. De konservative vil gerne fastholde gamle privilegier og værdier, kulturen og grænserne, og det gøres åbenbart bedst ved at forsvare dem, der har mest. Kontrol med de nationale grænser står selvfølgelig i skarp kontrast til de liberales ønske om et åbent, verdensomspændende marked, hvor frie og rige borgere kan boltre sig, men omvendt kan de begge blive enige om lavere skatter og mindre magt til staten. Resultatet bliver blandt andet, at den offentlige sektor udsultes til fordel for den private sektor.

I de fleste vestlige lande bruges der utrolig megen energi på at diskutere de samme temaer: Økonomi og indvandring. Men når man fører en kortsigtet politik, hvor det bare skal se ud, som om man gør en indsats, så må det være indlysende, at det giver bagslag på lidt længere sigt. Således er besparelser på ulandsbistanden med til at fastholde ustabiliteten i de lande, hvor flygtningene kommer fra. Disse lande kan være ustabile af mange grunde, men at Danmark er med til aktiv krigsførelse fører næppe til mere stabilitet. Også klimaændringer og den deraf følgende fattigdom og sult er med til at gøre folk desperate i disse lande. Men vores respons har været besparelser på udviklingshjælpen, så der er råd til nye kampfly.

Problemet med den traditionelle højre-venstre skala er, at man kan ligge til højre i forhold til økonomien og til venstre i forhold til 'værdidebatten', som indvandrings- og integrationsdebatten også kaldes. Eller det kan være lige omvendt. Af en eller anden grund holdes disse to emner adskilt: økonomi handler om arbejdsmarkedspolitik, finanspolitik (f.eks. skattepolitik), erhvervspolitik og så videre, mens værdipolitik handler om indvandrere, de 'danske' værdier, frikadeller, tørklæder og grænsebomme, der skal beskytte os fra alt det onde, der truer os. Det tegner et lidet realistisk billede, for i virkeligheden er disse områder dybt forbundne. Indvandring handler om et stigende migrationspres, fodret af den stigende økonomiske ulighed på verdensplan. Det kan ikke løses ved højere mure. Integration handler også om boligpolitik, socialpolitik og arbejdsmarkedspolitik.

Højre-venstre-skalaen er også blevet flertydig, på grund af at samfundet har ændret sig så meget, at for eksempel arbejderklassen ikke længere kan betegnes som 'de svage' eller 'proletariatet'. Man kan være en rig håndværker eller tilhøre den fattige, akademiske klasse, hvor man er arbejdsløs. Forrige århundredes mærkater kan ikke uden videre anvendes i dag, hvor alt er blevet flertydigt og komplekst. Det er forvirrende, og derfor er det nemt at blive fortvivlet over virkelighedens kompleksitet.

Enhver forestilling om de 'rigtige' værdier og det ønskelige samfund er en reduktion i forhold til virkeligheden, og det kan have sin pris. I det aktuelle liberal-kapitalistiske samfund er det de fattigste og miljøet, der betaler prisen for den økonomiske fremgang i toppen, hvor man føler sig 'enestående' fortjent til sin rigdom. Hvor verden i en periode (fra 30'ernes New Deal til 70'ernes neoliberalistiske bølge) i forrige århundrede bevægede sig i en mere socialt afbalanceret retning, går udviklingen nu igen i en retning, hvor uligheden stiger. Det skaber plads for populister som Trump og for en opportunistisk kurs, der tager miljøet som gidsel. Klimaproblemerne er reelle, men ingen har lyst til at påtage sig et ansvar, og så er det nemmest at påstå, at truslen ikke er menneskeskabt. Trump prioriterer kulminernes jobs frem for en mere effektiv klimaindsats. Det er kortsigtet og farligt.

Men også i Danmark følger vi en kurs, der satser på økonomi frem for natur. Hvem husker ikke forhenværende statsminister Anders Foghs tale: "… ikke en frø, ikke en fugl, ikke en fisk har fået det dårligere …" som følge af regeringens (såkaldte) miljøpolitik. Vi ved i dag, at det var løgn. Vi ved også, at en fjerdedel af grundvandsboringerne lukkes på grund af forurening, og at havdambrug tillades, selv om de er slemme ved havmiljøet. Har man råd til at sejle på første klasse på Titanic, så synes man, at musikken skal spille videre, selv om man er stødt på et isbjerg. Lad de fattige om at drukne først.

Uanset hvilken tro man har, eller hvilken politisk ideologi man tilslutter sig, så er vand vådt og tyngdekraften virkelig. Uanset hvilken fortælling vi indgår i, så slipper ingen for at dø i sidste ende. Det er kun et spørgsmål om ens eftermæle og om, hvem der har råd til det største monument. Virkeligheden har det med at indhente os alle, og vi må vælge, hvordan vi ønsker at leve, mens vi endnu gør det. Det duer ikke at stemple de andres fortællinger som 'fake news', bare fordi man er et selvretfærdigt fjols med for megen magt. Det er ikke gavnligt for nogen at skabe et nyt, klasseopdelt samfund med undertrykkelse og vold. Vi har ikke brug for mere konkurrence eller flere diktatorer, men for dialog og samarbejde.

Forklaringen på den kollektive blindvej, vi er slået ind på, skal efter min overbevisning søges i menneskesindets struktur og den måde, verden giver mening for os. Men hvordan finder et almindeligt menneske med en begrænset kapacitet mening i virkelighedens kompleksitet? Det sker, som tidligere beskrevet, gennem repræsentative forestillinger, der filtrerer og reducerer virkelighedens kompleksitet, så vi bedre kan håndtere at være i verden.

Den måde, vi mennesker anskuer verden på, er igennem repræsentationer, som kan være ord, begreber eller fortællinger Af samme grund efterlyses der ofte et konkret eksempel til at demonstrere et mere generelt princip. Men eksemplet kan få sit eget liv i stedet for blot at være en repræsentation for noget andet. Ligesom den politiker, der skulle være en repræsentant for de mennesker, der har valgt ham/hende, men ofte ender med at repræsentere sig selv i stedet. Repræsentationen eller eksemplet kommer til at præge og definere virkeligheden i almindelighed frem for at være et eksempel på noget principielt.

Et område, hvor vi typisk ser denne mekanisme udfolde sig, er netop arbejdsløshedsproblematikken. Når en ledig borger kommer i arbejde efter endnu et 'økonomisk incitament', så fremstår det i medierne, som om jobbet er opstået *på grund af* den førte politik. Man undersøger ikke sammenhængen, uanset at konklusionen ikke finder belæg i det konkrete eksempel. Det er kun, fordi man får bekræftet den fordom, at 'alle ledige er dovne', at man antager, at vedkommende er kommet i arbejde (har 'taget' sig et job, som man siger) på grund af sanktionerne og nedskæringerne. Antagelsen bygger ikke på en logisk forklaring, men på en ideologisk bestemt fordom, som således bekræftes ved en selektiv fortolkning.

Et andet eksempel på denne diskontinuitet mellem virkeligheden og vores forestilling om den er klimaforhandlingerne, hvor nationer har forhandlet sig frem til en beslutning om at begrænse de globale temperaturstigninger til 1,5 grader (eller 2 grader) i forhold til den temperatur, verden havde på et givet tidspunkt. Problemet her er, at der ikke findes en 'temperaturreguleringsknap', som en slags bilbremse, og at virkelighedens klima ændrer sig gradvist og uanfægtet af, hvad vi beslutter os for, den skal være. Kun hvis vi kollektivt og drastisk ændrer vores adfærd over længere tid, vil det kunne have en effekt på et eller andet tidspunkt. Ingen ved eksakt, hvor lang tid der går, før der kan konstateres en eventuel positiv ændring. Mens vi diskuterer, hvad der kunne være en politisk acceptabel model af verden, opfører virkeligheden derude sig, som den nu engang gør i al sin kompleksitet. Den lever sit helt eget liv, uanset hvad vi når frem til i vores politisk bestemte model. I diskussionens hede har vi åbenbart set bort fra, at modellen kun er en reduceret og skønsmæssig udgave af virkelighedens klima.

Tilsvarende kan man konstatere, at den økonomiske politik er styret af ønsket om vækst, for alle teorier siger, at vækst sikrer velfærd, og hvem vil ikke have velfærd? Praktisk politik kommer derfor til at handle om, hvordan og med hvilke midler vi kan opnå dette mål. Her bliver midlerne (vækst) pludselig vigtigere end målet (velfærd). For yderligere at reducere vores model, anvendes der eksempler på de enkelte elementer, såsom en virksomhedsleder, der efterlyser en lavere skat (på bekostning af velfærden), før han vil ansætte flere medarbejdere. Skattelettelser fremstilles således som et typisk middel til vækst. Og så længe man bliver i den teoretiske forestillingsverden, kan mange eksempler fremstilles som effektive redskaber til de ideologiske mål, man har sat sig. Det kniber straks mere, når man skal påvise en faktisk sammenhæng mellem f.eks. skattelettelser og vækst i den virkelige verden.

Her taler man om empiri, det vil sige evidensbaserede undersøgelser, der skal dokumentere sammenhængen eller kausaliteten mellem midlerne og resultaterne. Disse undersøgelser skal foregå på videnskabelig basis for at være troværdige. Men her er man langtfra enige om, hvad der er videnskabeligt, eller hvornår der er tale om en redelig fremstilling. Det er ikke nok at henvise til et mere eller mindre tilfældigt udsnit af historien, hvor en lavere skat blev fulgt af et opsving i økonomien. En tilsvarende logik er at sige, at korte bukser giver godt vejr, fordi der var en dag i 1986, hvor jeg tog korte bukser på, hvorefter solen skinnede hele dagen. Et eksempel eller en statistisk korrelation udgør ikke i sig selv et tilstrækkeligt fundament til at påvise en eventuel sammenhæng. En sådan slutning ville være videnskabeligt uredelig, da der mangler en kausal forklaring.

Der er mange tilsvarende antagelser i den økonomiske politik, som påstanden om, at et øget arbejdsudbud vil øge beskæftigelsen, der ikke redegør for den kausale sammenhæng. Hvorfor skulle en arbejdsgiver ansætte flere medarbejdere, blot fordi flere ønsker sig et job? Arbejdsgiverens ansvar er virksomhedens bundlinje, ikke arbejderens eller samfundets økonomi. Selv om det gøres mere attraktivt for en medarbejder at arbejde flere timer, er dette ingen grund for arbejdsgiveren til at udbetale løn for flere arbejdstimer. Kun hvis omsætningen i virksomheden stiger, vil arbejdsgiveren overveje at oprette flere stillinger og investere i flere arbejdstimer.

Logikken svarer til et psykologisk forsøg med børnehavebørn, hvor en pige befinder sig i et lokale sammen med en forsøgsleder. Forsøgslederen viser pigen to skåle, der står på hovedet. Under den ene er der gemt noget slik. Pigen kan nemt huske, hvilken skål slikket ligger under. Nu kommer et andet barn ind i lokalet, og man spørger pigen, hvor det nye barn først vil kigge. Pigen peger på den samme skål, som hun selv ville vælge, da hun ved, at slikket ligger dér. Når man spørger hende, hvorfor hun tror, at det nye barn vil kigge der, svarer hun netop: "Fordi slikket ligger dér!" Vi voksne ved, at det nye barn ikke aner, hvor slikket gemmer sig. Selv om det er korrekt, at slikket gemmer sig dér, så kan vi forstå, hvorfor pigens argument ikke duer. Men mange debatter i den bedste sendetid handler netop om at diskutere, om det nu er korrekt eller ej, at slikket ligger gemt under den ene eller den anden skål, uanset at det er komplet irrelevant i forhold til det virkelige problem, hvortil der mangler en kausal forbindelse.

Således kan man altså snyde en stor del af befolkningen ved

at bruge incitament-tanken som begrundelse for yderligere nedsættelser af sociale ydelser, da det efter sigende vil føre til mere beskæftigelse. Bare én enkelt ledig kommer i job, så anser man det for bevist, at økonomiske incitamenter virker. Her taler vi altså ikke om børn i fireårsalderen, men om voksne, normaltbegavede og ofte vellønnede folk, der nægter at bruge deres kritiske sans.

Modellen af virkeligheden fremstilles netop som en reduceret udgave af en langt mere kompliceret virkelighed. I virkeligheden er der indbygget forhold, der er udeladt i modellen for overskuelighedens skyld. Det er således en forudsætning, at virksomhedens produkt har en større efterspørgsel, end der kan produceres med den nuværende stab, og at der derfor vil være en grund til at øge produktionen og ansætte flere medarbejdere. Men hvis virksomheden kan øge sin produktion ved hjælp af robotter, praktikanter eller anden ulønnet arbejdskraft, så er der ingen grund til at oprette en ny stilling og forøge sine udgifter.

I den neoliberale teori går man ud fra, at et øget udbud af arbejdskraft vil føre til en generel sænkelse af lønniveauet, således at 'det kan betale sig' at ansætte flere medarbejdere. Der er dog en række forhold, der skal være på plads, inden man kan drage den konklusion. Der skal være en økonomisk fordel i en forøgelse af produktionen. Det skal ikke være muligt at skaffe ulønnede medarbejdere til at udføre opgaverne (for så vil man vælge denne løsning). Konkurrenten skal ikke have samme fordel, for så vil produktionen generelt stige, og prisen vil falde tilsvarende, hvorved den økonomiske fordel ved en merproduktion vil forsvinde. Der skal være både efterspørgsel og købekraft til at kunne afsætte en merproduktion, for ellers producerer man til lageret. Og så videre. Teorien er udtryk for ønsketænkning og drager altså konklusioner, som der ikke er belæg for. Den er ikke begrundet i en saglig analyse af økonomiske forhold i virkeligheden, men begrundet af en række påstande i modellen, fremstillet af ideologiske grunde, som man efterfølgende prøver at sandsynliggøre ved uvederhæftige eksempler og talmagi, så man kan forvirre eventuelle skeptikere.

Sagen er, at der i præsentationen af denne model bruges uendelige timer og spaltemeter til at diskutere tekniske detaljer. I diskussionen om topskatten spørger man således ind til, om arbejdsudbuddet vil stige eller ej som følge af en sænkelse af topskatten. Eller om topskat i det hele taget er det samme som marginalskat, og hvad der er forskellen. Vil den øgede motivation til at arbejde (for så vidt den findes) blive udlignet med et ønske om at få færre timer for de samme penge, den såkaldte 'hængekøjeeffekt'? Er de empiriske undersøgelser, der viser en elasticitet mellem disse to modsatrettede tendenser på mere end 0,1 procent, troværdige? Og så videre!

Så længe man diskuterer tal og teknikaliteter og hensigter og undersøgelser, så forholder man sig ikke til de overordnede spørgsmål: Er denne neoliberale teori overhovedet repræsentativ for den virkelighed, vi befinder os i, og er modellens målsætning ønskelig? Hvad er i det hele taget formålet med den parodi på virkeligheden, modellen anvender? Formålet synes at være en forfordeling af landets rigeste borgere på bekostning af resten af samfundet. En sådan skævvridning af samfundets rigdom kan også opnås på anden vis, f.eks. ved topskattelettelser eller ved at give boligejerne med en vis ejendomsværdi et øget fradrag. Begge disse idéer har været på bordet. Til gengæld har man besluttet sig for at sænke afgifterne på de dyreste biler, som kun de rigeste har råd til, hvilket giver den samme skævvridning.

I sidste ende handler det åbenbart om tro. Modellen er troværdig, hvis man tror på den, og utroværdig, hvis man ikke tror på den. Det har ikke en pind med videnskab at gøre, for man anvender slet ikke videnskabelige metoder. Det hele handler om påstande og holdninger og tro. Det svarer til at diskutere Darwins evolutionsteori med nogle kreationister. Det er en håbløs diskussion, så længe man hver har sit udgangspunkt og argumenterer ud fra hver sin virkelighedsopfattelse.

Det er en ofte hørt påstand, at ledigheden skyldes de ledige borgeres manglende motivation. Men vi ved, at arbejdsgiverne sidder med afgørelsen om en ansættelse eller ej. Derfor kan man ikke samtidig bruge argumentet, at de ledige ikke 'tager sig' et job, *fordi* de er for dyre for arbejdsgiverne. Hvis ledigheden skyldes, at arbejdsgiverne ikke har råd til at betale løn, så kan ledigheden netop ikke skyldes de ledige borgeres motivation. Ledighedens problem kan i så fald ikke løses ved flere 'økonomiske incitamenter'. Myten om den 'dovne ledige' er skabt af medierne gennem enkeltsager som 'Dovne Robert' og 'Fattig-Carina'. Når mange umiddelbart er villige til at tro på påstande om dovenskab og tilsvarende tror på, at nedsatte offentlige ydelser vil have en effekt, så skyldes det en moralsk forargelse. Medierne har tegnet et billede af en ledig borger, der ligger på sofaen med en pose chips og en fjernbetjening (og naturligvis foretrækker denne tilværelse), mens du er ude at passe dit job og betaler din skat. Det er en følelse af forargelse over denne påståede 'krævementalitet', der bærer diskussionen, ikke de faktiske forhold

Forsøg på at skabe øget beskæftigelse ved at øge arbejdsudbuddet er ikke et nyt påfund. Der er faktisk en del dokumentation for, at den slags tiltag vil have uheldige 'dynamiske effekter', alt efter hvilke midler man bruger til at øge arbejdsudbuddet. Man kan true de ledige borgere på livsgrundlaget, hvilket har den dynamiske effekt, at flere bliver syge, boligløse osv. Man kan også sætte pensionsalderen op, importere store mængder af billig arbejdskraft eller sænke skatten på arbejde. Disse og lignende tiltag vil alle resultere i et større lønpres, lavere lønninger og umiddelbart en større indtjening til virksomhederne og aktionærerne, men de vil ikke nødvendigvis føre til mere beskæftigelse eller en øget produktivitet. På sigt vil udgifterne til social nød, sygdom, kriminalitet og lignende konsekvenser af denne politik udhule statens budget, især når statens skatteindtægter falder på grund af det faldende lønniveau, mens de sociale udgifter stiger. I sidste ende vil flere og flere borgere være overladt til sig selv og være afhængige af private forsikringer, frivillige organisationer, kirker eller familiens velvilje for at kunne overleve, præcis som i det meste af verden, hvor man ikke kender til velfærd. Argumentet om 'at gøre kagen større' bygger igen på den forsimplede forestilling, at det kun er den private sektor, der skaber velfærden. Jo mere de rige tjener, jo mere har vi alle råd til velfærd, siger denne logik. Denne tankegang kaldes trickle-down-teorien, og den har vist sig *ikke* at holde i virkeligheden. Empirien understøtter så at sige ikke disse antagelser. Kagen bliver ikke større af at fordele den mere ulige! Det viser sig til gengæld, at en stærk og velfungerende offentlig sektor er forudsætningen for en velfungerende økonomi.

Alligevel findes der mange, helt almindeligt begavede mennesker, der i ramme alvor tror på disse og lignende antagelser. Hvordan kan det lade sig gøre? Hvorfor sidder politikere, erhvervsledere, tænketankseksperter, djøffere og journalister hver eneste dag og diskuterer idéer i et teoretisk tomrum ud fra en ideologisk bestemt model af virkeligheden, som om den var virkelig?

Dette må (igen) handle om menneskets generelle tendens til at skabe sin egen forenklede model af virkeligheden, så den forekommer lige så virkelig som sit eget spejlbillede. Billedet af virkeligheden erstatter sådan set behovet for virkeligheden 'i sig selv', og denne pseudovirkelighed fungerer altså som en slags virtual reality, hvor man spiller rollen som en slags almægtig avatar (en repræsentant for ens person), for så forekommer alt meget enklere. Illusionen erstatter virkeligheden, og så længe alle bare 'lader som om', ser det ud til at fungere. Men når tingene er taget ud af deres oprindelige sammenhæng som en billig kopi, vil det snart vise sig, at virkeligheden ikke er et produkt af vores forestilling om den, og derfor ikke nødvendigves føjer sig efter den.

5 Arbejdsmarkedet og økonomisk politik

Til højtider og mærkedage, hvor familien samles til fælleshygge, har de fleste vel oplevet, at det er bedst at undgå at diskutere visse emner, hvis man ellers ønsker at bevare den gode stemning. Især politik og religion kan skabe splid i de fleste forsamlinger, og det er ikke tilfældigt. Disse emner virker som opvaskemiddel på en fedtet overflade; de splitter den homogene mængde op i mindre grupper. Således kan en politisk snak fremhæve de forskelle i anskuelser og værdier, som mennesker har, hvilket kan være med til at forstyrre hyggen.

Det kan være svært helt at undgå at tale om politik, for det gennemsyrer vores liv og hverdag. Medierne er fyldt med budskaber om især økonomisk politik, og det bliver en del af ens identitet, at man placerer sig i forhold til disse emner. Vi definerer os i forhold til vores omgivelser. Vi placerer os i forhold til de holdninger og værdier, vi identificerer os med. Traditionelt, altså i forhold til samfundets økonomiske politik, har man kaldt dette en højre-venstre-skala. Dette svarer til, at man enten er til den borgerlige (konservative eller liberale) side eller placerer sig i den socialistiske lejr. Endnu længere tilbage lå de liberale til venstre for de konservative, hvilket også svarede til deres fysiske placering i Folketinget. Det er også herfra, at partiet Venstre fik sit navn. I lande som USA, hvor man aldrig fik indført socialismen, har man fastholdt et sådant topartisystem.

I de senere år, og som nævnt i forrige kapitel, er der opstået en alternativ skala, hvor man placerer sig i forhold til 'værdidebatten'; underforstået, om man er for eller imod indvandringen. Det skaber forvirring, at der er to skalaer, for man kan stå til højre det ene sted, og til venstre det andet. Uanset hvad ligger det ligesom i luften, at man må vælge, hvilken pakkeløsning man vil købe.

Det afgør nemlig, hvilken gruppe man bliver identificeret med. En midtsøgende og neutral position opfattes som kritisabel af begge sider, så man kommer i en helt håbløs situation. Derfor sker der en fraktionering, en opsplitning, hvor man må definere sig selv i modsætning til 'de andre'.

De færreste synes nok, at økonomisk politik er ophidsende. Alligevel ved de fleste godt, at der er kræfter på spil, der påvirker os alle. En fejlslagen politik kan udløse en økonomisk krise og koste folk jobbet og forårsage flere nedskæringer i den offentlige sektor og i velfærden. Der er som regel forskellige opfattelser af, hvad der er galt, og hvad der skal gøres ved det. Politikerne og eksperterne er per definition indbyrdes uenige, uanset om det går op eller ned med økonomien. Afhængigt af deres partiforhold har politikerne hver deres ideologiske briller på, men de er ofte tilbøjelige til at finde frem til de samme løsningsmodeller, uanset om det hele kører i ring.

Afmagten over systemets inerti, hvor det hele synes at køre efter en på forhånd fastlagt plan uden hensyn til den faktiske virkelighed, kan måske bedst illustreres ved hjælp af en fortælling fra det virkelige liv: I foråret 2012 var vi et par ledige borgere, der sad og undrede os. Ledigheden og dagpengereformen var på dagsordenen. Det virkede indlysende for os, at lovgiverne havde en helt anden dagsorden end at finde løsninger til virkelighedens problemer. Politikernes optagethed af deres egne karrierer og manglende vilje til at forholde sig til befolkningens problemer må nok antages at være én af hovedårsagerne til den stigende mistillid til politikere, vi ser i disse tider. Men vi ville ikke nøjes med at stå på sidelinjen og beklage os. Udfordringen var at udtænke nye løsninger til ledighedsproblemet. Det lykkedes os at lave en model, hvor dagpengesystemet, som en central del af overførselsindkomsterne i øvrigt, spillede en konstruktiv rolle i håndteringen af de massive problemer, vi stadig ser dønningerne af i dag. I det næste beskriver jeg essensen af denne model og dens rationale i det eksisterende system.

Dengang som nu bruges der mange penge i Danmark til aktiveringsforløb, administration og overførselsindkomster, herunder dagpenge. Vi kendte mange, som ikke kunne få sig et arbejde, på trods af at de både var aktivt søgende, kvalificerede og ønskede at komme i job og forsørge sig selv. Vi kunne således konstatere, at ledighed generelt ikke skyldes dovenskab eller manglende kompetencer.

Fortællingen om ledighedens årsager var, dengang som i dag, baseret på åbenlyst fejlagtige antagelser. For eksempel må ledighed betragtes som en omstændighed, der kan ramme alle, ikke som en egenskab ved særlige mennesker. Vi undrede os over det politiske ønske om at forringe dagpengesystemet, både fordi det var en S-ledet regering, der var ved magten, og fordi ødelæggelsen udspringer af en ulogisk incitamenttænkning, som svarer til at bekæmpe sygdom ved at gøre det mindre 'attraktivt' at blive indlagt på et hospital. Uanset hvad problemet handler om, er det altid den samme redskabskasse, man kigger i, når der efterspørges politisk handling. Man efterlyser højere straffe, flere økonomiske sanktioner og lignende for at modvirke en uønsket udvikling ved hjælp af incitamenter. Man vil mærkeligt nok aldrig undersøge, om motivation overhovedet er problemet.

Når der er mange tusinder både villige og kompetente ledige derude, så kan det virke besynderligt, at der mangler personale (varme hænder) i den offentlige service og velfærd: For hver gang man fyrer personale, som regel på grund af det påståede behov for besparelser i den offentlige sektor, bliver skolelærere, sygeplejersker, politibetjente, hjemmehjælpere og pædagoger bedt om at løbe lidt stærkere for den samme løn. Hvordan kan det offentlige på samme tid både mangle personale og afskedige sine dygtige ansatte?

Man kunne også spørge, hvorfor man ikke ansætter flere i stedet for færre, så man både undgår den store ledighed og de dermed forbundne udgifter for samfundet og samtidig får noget tiltrængt velfærd for pengene. Svaret på dette spørgsmål er ikke så ligetil, som man måske kunne forvente. Alt afhængigt af hvem man spørger, får man forskellige svar. Et ofte brugt argument er, at der 'mangler penge' i statskassen til at løse problemerne. Den enkelte institution, kommune eller afdeling har kun et begrænset budget og er derfor tvunget til at sende Sorteper videre til borgerne. Det kaldes kassetænkning, når man spiller de enkelte afdelinger ud mod hinanden i stedet for at se mere overordnet på opgaven. Resultatet er, at man faktisk bruger flere penge på at håndtere ledigheden, end det ville koste at løse problemet.

De topstyrede og begrænsede pengestrømme har kun til formål at motivere de enkelte afdelinger og kommuner til at blive mere effektive i håndteringen af deres daglige lokale opgaver. Dette understreger myten om Det Offentlige som 'ineffektivt' i modsætning til den private sektor. Til gengæld udgjorde hverken datidens beskæring af dagpengene eller af den offentlige velfærd i det hele taget en reel løsning på det faktiske problem, for systemet som helhed bliver ikke bedre til at løse opgaverne derved. Denne politik virker som en hovedløs skrue uden ende. Det svarer til at forvente, at en bil vil køre stærkere, hvis man fjerner et par dele. Det kan godt være, bilen bliver lettere, men uden dæk eller gearkasse kører den måske knap så godt. Resultatet af nedskæringerne i det offentlige kan mærkes i de små hjem, fordi der år for år er færre og færre penge i kommunekassen til borgernes velfærd.

Man kunne let få den mistanke, at der ligger andre motiver bag disse håbløse tiltag. Det kunne tænkes, at der var tale om at overføre midler fra den offentlige sektor til den private sektor, hvor private investorer kan tjene penge ved at bruge konkurrencesituationen, der gør det meget lettere at udøve lønpres. Ved at øge arbejdsudbuddet kan man holde lønningerne nede, for sådan virker 'loven om udbud og efterspørgsel' på det såkaldt frie marked. I den offentlige sektor virker dette ikke på samme måde, for her har man et andet formål. Det offentlige er netop ikke en virksomhed, hvis formål det er at opnå et økonomisk overskud. Det offentliges formål er derimod at løse de opgaver, der gavner samfundet og borgerne. Dertil afsætter man et politisk bestemt beløb.

Kun regeringen har magt til at implementere en overordnet løsningsmodel, for så vidt der er truffet en budgetaftale i Folketinget. Spørger man den enkelte sagsbehandler, henvises man til den kommunale ledelse. Spørger man lederne i kommunen, får man at vide, at de kun er forvaltere af en stadigt skrumpende pose penge til at løse de voksende udfordringer i kommunen. Det er et flertal i Folketinget, der har lagt den økonomiske ramme. Men spørger man dem igen, så får man en masse sludder om 'at sikre velfærdsstaten', effektivisering, skatteydernes 'ret til egne penge' og behovet for et voksende 'råderum' til skattelettelser i toppen. Karrierepolitikernes ideologiske floskelretorik løser ingen problemer, så her må det være op til os selv at skrue en løsning sammen. Det synes således relevant at finde ud af, hvordan systemfejlen opstår, og hvordan man kan rette den. Lidt som VVS-montøren, der skal finde ud af, hvor vandet på køkkengulvet stammer fra. Det kan være, der er en utæt pakning i opvaskemaskinen, der trænger til at blive skiftet ud. I værste fald skal hele maskinen kasseres.

Vi, der selv var ledige, og altså befandt os uden for 'Borgen', satte os for at beskrive en model til håndtering af arbejdsløshedsproblemet, sådan som det så ud fra vores perspektiv. Som udgangspunkt valgte vi at se på den oplagte mulighed for at aktivere de offentlige penge (i stedet for at aktivere de ledige) ved at konvertere de offentlige ydelser, såsom dagpenge og kontanthjælp, til aktive løntimer. I stedet for at udbetale dem som administrationstunge, passive ydelser, kunne pengene lige så godt bruges til at sikre jobs til mere velfærd. Vi kaldte dette for Offentligt Finansieret Ansættelse (OFA), hvilket i praksis betyder: statsansat på deltid (i stedet for ledig og forsørget). Vi forestillede os, at en gruppe af (arbejdsparate) modtagere af overførselsindkomster fik udbetalt samme beløb, nu som ordinær, overenskomstmæssig timeløn i stedet for som ydelse. Det ville løse mange problemer og skabe mange nye muligheder, ikke mindst for de ledige selv.

Og her kommer vi tilbage til spørgsmålet: Hvorfor ansætter man ikke de ledige borgere, men vælger i stedet at fastholde så mange på offentlig forsørgelse? Den eneste logiske forklaring er, at der er tale om ren ideologi: Man vælger at bruge offentlige ressourcer til at øge arbejdskraftudbuddet, så lønningerne holdes nede, så virksomhederne angiveligt kan tjene flere penge. Også importen af billig arbejdskraft og de mange afskedigelser i den offentlige sektor er medvirkende til et øget udbud af arbejdskraft, et øget lønpres og dermed en generel sænkelse af lønudgifterne. Dette har kun til formål at øge overskuddet til aktionærer og virksomhedsejere. Det resulterer *ikke* i oprettelse af nye stillinger, som visse liberale politikere har hævdet under henvisning til trickle-down-teorien. Ingen arbejdsgiver vil oprette en lønnet stilling til en arbejdskraft, når arbejdet kan udføres på anden vis, som beskrevet i forrige kapitel.

Der findes mange slags offentlige ydelser, folk overlever på, mens de aktiveres uden løn. Det skal selvfølgeligt nævnes, at dagpenge ikke er en ren offentlig ydelse, men dels finansieres ved medlemskontingent fra A-kasse medlemmerne selv. Dette system har altså nogle fælles træk med private forsikringer, og der er ikke tale om 'den rene socialisme'. Dagpengesatsen kan være højere end andre offentlige ydelser, så der må tages nogle forbehold i forbindelse med OFA-modellens eventuelle implementering. En klar fordel med modellen er, at man kalder 'et arbejde' for 'et arbejde', altså dét, der skaber, hvad Karl Marx kaldte 'merværdi'. Her får man altså en løn til gengæld for den værdi, man har skabt ved sit arbejde.

I forbindelse med præsentation af OFA-modellen er den ofte blevet misforstået som en slags 'borgerløn', da borgerløn også vedrører noget med 'løn', men sammenligningen er helt uberettiget. Borgerløn er, i modsætning til OFA, ikke en løn for nogen værdi, man har skabt, men blot en offentlig ydelse.

Denne ydelse har til formål at lette administrationen, da der er tale om en udifferentieret ydelse, hvor alle borgere får det samme beløb, uanset deres individuelle behov. En sådan 'løsning' er som udgangspunkt ufinansieret, da der netop ikke er dækning for pengene i form af en tilsvarende værdiskabelse eller produktion. Derfor vil den givetvis resultere i en voldsom inflation. Den vil desuden styrke den tendens, vi ser i dag, at penge 'flyder opad', hvor den altså først og fremmest vil gavne de rigeste borgere, og ikke den målgruppe, OFA vil tilgodese.

Timetallet i OFA-forslaget afhænger af både personens aktuelle overførselsindkomst og lønniveauet på området, således at den ugentlige arbejdstid kan variere en del. I praksis vil lønnen ligge et stykke under mindstelønnen, da timetallet afhænger af størrelsen af ydelsen. Men da den OFA-ansatte ikke taber indtægt på at komme i arbejde, kan det netop 'betale sig' at arbejde, da vedkommende ikke længere skal stå til rådighed for det offentlige kontrolsystem, men i stedet genvinder sin personlige frihed. Det er ofte overset, at netop tabet af friheden til at bestemme over sin egen tilværelse er den skjulte pris, de ledige borgere betaler for at få lov til at få udbetalt et stadigt svindende beløb til at overleve på. Desværre har politikerne valgt at se passivt til, mens dagpengesystemet overflødiggjorde sig selv, i og med optjeningsperioden fordobledes og ydelsesperioden halveredes.

En lignende model, hvor man altså udbetaler en løn i stedet for en ydelse, kan, med lidt tilpasning, anvendes i den private sektor. Her skal der blot tages skridt til at sikre, at offentlige penge ikke er med til at skævvride den fri konkurrence. Hvis man først har fanget idéen med OFA-modellen, er det meget svært at finde argumenter, der taler imod den. De argumenter eller forbehold, jeg har mødt, er først og fremmest, at man af ideologiske grunde ikke bryder sig om flere ansatte i offentligt regi. Man anser det offentlige og den offentlige velfærd for at være en udgift, der bør begrænses så meget som overhovedet muligt. Man ønsker at skabe et liberalt samfund, hvor private udbydere tilbyder deres 'services' på markedsvilkår, og hvor velfærd kun er et spørgsmål om individets købekraft. Jeg kalder dette for 'minimalstatsargumentet', hvilket egentlig bare svarer til den holdning, tidligere statsminister Anders Fogh Rasmussen udtrykte i sin bog "Minimalstaten", hvilken var en kopi af Reagan- og Thatcher-ideologien. De ledige borgere må sidde på den ubehagelige reservebænk, bare fordi nogen af ideologiske grunde har bestemt, at deres funktion er at presse lønniveauet. Imens betales regningen af skatteyderne.

Dette ledighedscirkus er således en forudsætning for, at der kan overføres milliarder fra samfundet til private pengetanke, anbragt i skattely, så det samfund, der har frembragt værdierne, ikke kan få fingrene i dem. Hvis man ikke bryder sig om de offentlige systemer, bør man så ikke tage konsekvensen og selv betale for alt det, man tager for givet? Ens børns skolegang og uddannelse, den vej, man kører på, politiet, børnechecken, sygesikringsbeviset og alle de andre goder, der får dette samfund til at hænge sammen. Det er dobbeltmoralsk at benytte sig af alle samfundets fordele, samtidig med at man kommer med principielle anklager mod fællesskabet. Man kunne faktisk pakke sin kuffert og flytte til et land, hvor man allerede har en minimalstat, USA, hvor næsten alt er privatiseret, et arabisk land, hvor slaveri er tilladt endnu, eller et asiatisk diktatur, hvor røverkapitalismen blomstrer.

Jeg mener, at offentligt ansatte, såsom læger, pædagoger, lærere, forskere og embedsmænd, gør et værdifuldt stykke arbejde. Uden dem ville samfundet slet ikke hænge sammen, hverken socialt eller økonomisk. Nedskæringer i det offentlige har ofte vist sig at være en dyr måde at spare penge på. Tænk for eksempel på nedskæringerne i SKAT, der har gavnet skattelybrugerne og kostet vores fællesskab mange milliarder. Privatiseringer har generelt heller ikke ført til lavere priser eller et mere effektivt samfund, som vi har set med Københavns Lufthavn, DONG, PostNord, Ambulancekørslen i Syddanmark med flere. Uanset om det går bedre med dansk økonomi, har mange ikke mærket noget til det. Til gengæld er mange milliarder forsvundet ud af landet og placeret i oversøiske skattely. Det virker ikke som en model, vi har råd til fortsætte med.

I sidste ende er det et valg, vi må træffe: Vil vi have et solidarisk og harmonisk samfund, eller vil vi have et konkurrencesamfund, hvor enhver er sin egen lykkes smed, og de store har ret til (= magt til) at tryne de små? Skal vi bedømme menneskers værdi efter deres økonomiske resultater eller på baggrund af deres menneskelige egenskaber? Skal vi behandle naturen som et middel til at forøge vores personlige rigdom eller som noget, der har værdi i sig selv og for alle? Mit svar er, at systemfejlene er ideologisk betingede. Magthaverne har bevidst og aktivt valgt at øge uligheden frem for at tage ansvar for at løse de udfordringer, vi står over for. Nu er det på tide at regulere og begrænse de økonomiske systemers magt med demokratiske midler og rette fokus mod det, der opleves som meningsfuldt af den enkelte og det, der skaber værdi for os alle.

Men den konflikt, der fylder i medierne, omhandler en helt anden, mere letforståelig dagsorden. Her vises det ikke, hvordan de rige tager fra de fattige, men hvordan de onde fremmede tager fra 'gode', danske skatteydere. Det kan virkelig få en stor del af danskerne op af stolen i de små hjem. Det er jo den perfekte lynafleder, et letforståeligt fjendebillede, så ingen behøver at sætte sig ind i de komplicerede, socioøkonomiske forhold, rapporter og statistikker, som selv ikke eksperterne kan forstå.

Tilsvarende har politikerne ingen reel interesse i at løse Danmarks integrationsproblemer eller lyst til at bidrage til at skabe fred i verdens brændpunkter. Det letteste er vel at se handlekraftig ud ved at indføre nogle sanktioner i ghettoerne, for så er man da sikker på, at der ikke sker noget. Man fastholder muligvis problemet, fordi det har vist sig, at det er nemmere at vildlede og manipulere en rådvild og ængstelig befolkning, end det er at få oplyste og kritisk tænkende individer til at gå i geled.

Det resulterer i en politik, hvor man retter bager for smed. Man flytter fokus fra et kompliceret problem til et andet, bare fordi det andet problem kan koges ned til en 'dem-og-os-logik', der er nemmere at relatere til, for den slags konflikter kender vi jo fra reality-tv. Selvfølgelig er der et problem i forhold til den manglende integration og i forhold til en globaliseret verden, hvor konflikter sender bølger af flygtninge ind over vores grænser. Men det problem forsvinder ikke ved at stikke hovedet i busken eller låse sin dør. På samme tid som problemerne i Mellemøsten og Afrika vokser, har Danmark valgt at skære ned på ulandsbistanden. Så længe alle overlader løsningerne til alle andre, så vokser problemerne kun.

Hvis politikerne, herhjemme som i udlandet, er enige om én ting, så er det at hytte deres eget skind. Det er i deres interesse at få det til at se ud, som om de tager sig af problemerne, mens de i virkeligheden gør alt for ikke at røre ved de grundlæggende årsager, der ligger bag al denne virak. Værdipolitik er langt hen ad vejen symbolpolitik, og det er altid et godt emne til medierne. Så længe folk ser 'Kagedysten' og snakker om bagateller, så sker der ikke noget. Regeringen bliver siddende og snakker om skattetrykket og forbrugsgoder, som de luksusbiler, 'vi', efter Brian Mikkelsens sigende, går og drømmer om.

Det er lidt, som når farmand flytter fokus til den isdessert, børnene skal have om lidt, selv om de endnu ikke har spist kålen på tallerkenen foran sig. Mor fremstår da som en sur kælling, hvilket sagtens kan give bagslag for far lidt længere hen på aftenen. Men, erfaringen viser, at der er altid nye fristelser til dem, der er styret af deres lyst.

6 Populismens mulighed

Surferhistorien fra indledningen fremstår nu i et andet lys. Surferen havde jo ingen historie, for surferen *var* historien. Han/hun var historieløs, for fokus var kun på ham/hende. Baggrunden henlå i skyggerne, og spotlyset var tændt. Det, der blev highlightet, var følelsen af at glide afsted, at være fri, at være i nuet, at være bølgen, uden fortidens fortrydelse eller bekymring for fremtiden. Jo mere presset det moderne menneske bliver i sin hverdag, desto mere falder det tilbage i en slags urtilstand, hvor omtanken ikke er udviklet endnu. Vi ser denne umiddelbarhed hos børn, der tumler fra det ene øjeblik til det næste uden at være i stand til at forbinde årsag og virkning, handling og konsekvens. Hverken fornuften eller evnen til refleksiv og kritisk tænkning er udviklet endnu hos de små børn. På denne måde er de frie for bekymringer og etiske dilemmaer. Spørgsmålet er, om det er en ønskelig tilstand.

Netop den populisme, vi ser i vore dages politik, handler om at forenkle. Et enkelt budskab med tydelige positioner og konflikter, stereotyper og fjendebilleder, er, hvad en stor del af befolkningen efterlyser. Netop fordi det er nemt at forstå og lover alt muligt, som vælgerne efterspørger, er det ofte muligt ved hjælp af en populistisk strategi at erobre et flertal af stemmerne, som tilfældet har været med Brexit og Trump. Det er først på lidt længere sigt, når regningen bliver præsenteret, at omkostninger for den slags valg bliver synlige. Det er lidt som at spise en lækker kage her og nu, mens risikoen for overvægt og sygdom ikke forekommer at være et akut problem.

Interesse for stereotyper og konflikter viser sig også i medierne. I USA har man for eksempel et fænomen, der kaldes *roasting*, en mediebegivenhed, hvor hovedpersonen bliver udsat for negativ opmærksomhed, der udarter sig til en slags kollektiv, offentlig mobning. Det er en misforståelse, at det er modigt at lade sig roaste, for kun identitetssvage personer vil udsætte sig for at blive hængt til tørre for åben skærm. De har tilsyneladende, ligesom børn, endnu ikke udviklet evnen til at definere deres egne grænser og sige fra. Men det virkeligt interessante er ikke 'ofrets' adfærd, men publikums reaktion. De hujer, buer og jubler ligesom romerne i antikkens Colosseum, der så død, vold og ofringer som underholdning.

Tilsvarende har vi set fænomener som *happy slapping*, hvor teenagere ikke har lært at skelne mellem virkelighed og virtual reality. De har svært ved at forstå andres pinsler som virkelige, for de kan jo ikke mærke dem selv. Så længe deres pubertetshjerne er under ombygning, styres deres virkelighed kun af det, de selv oplever og føler. Til gengæld formår de at reagere lynhurtigt på tendenser og kollektive stimuli, så de bliver en del af 'bølgen', altså opfører sig således, at de ikke udskiller sig fra mængden. De har de samme meninger og adfærd, som alle omkring dem. Lidt som en stæreflok, der flyver i 'sort sol'.

Det minder om en slags kollektiv bevidsthed, bare uden at de er bevidste om det. Der er tale om hormoner og rygmarvsreaktioner, for adfærden er ikke et resultat af en bevidst overvejelse. Det er spørgsmålet, om man kan gøre dem juridisk ansvarlige for deres handlinger, selv om de skulle være fyldt atten år, for de kan jo ikke være tilregnelige, når de lader sig blive suget med af en stemning, som var de til en koncert eller så en film. Frontallapperne er simpelthen koblet fra, og de går rundt i en zombiagtig rus.

Nok er der forventninger til unge mennesker i vores samfund, men mange krav handler om at være produktive, at blive en succes, få sig et job og tjene penge. Der er ikke den store variation i disse krav. Hele digitaliseringen, hvor man, som den tyske pige i starten, ikke længere bruger sin krop, men et tastatur for at komme frem til sit mål, er ikke en hjælp i en alsidig udvikling. For at udvikle sig må man udfordre sin hjerne, begive sig ud ad nye stier og bryde sine vaner. Kun på den måde kan man udvide sin horisont og blive et helt menneske. Ikke alt er underholdning. Det kræver en aktiv og bevidst indsats at gøre sig erfaringer og opnå noget viden om sig selv og om sit forhold til verden. Det er på baggrund af denne viden, at vi lærer at vurdere, hvad der er relevant, og hvad der er troværdigt. Et meget begrænset verdensbillede vil tilsvarende gøre det vanskeligt at vurdere noget nyt. Når så mange mennesker gør alt for at afgrænse deres verdensbillede, har det noget at gøre med bekvemmeligheden: Et simpelt verdensbillede er nemmer at overskue.

Typisk gør man de samme ting hver dag, ser de samme mennesker og kører samme vej på arbejde, eller hvad man nu gør. En stabil tilværelse, kalder vi det. Det betyder en overskuelig og derfor forudsigelig hverdag, hvor reduktionerne er indprogrammerede og giver sig selv. Haven må ikke blive for stor, for der er altid skvalderkål derude. Det er nemmest *ikke* at tænke på, at medierne *fuckr med din hjrne*, som det så malerisk hedder i et kendt underholdningsprogram af samme navn, hvor folk frivilligt lader sig føre bag lyset af en hypnotisør. Er dette at forstå som en slags *roasting* på dansk? Populismen har kronede dage, hvilket mange politikere udnytter til at vinde valg ved at gentage enkle budskaber og overskrifter uden at komme ned i substansen. Folk gider ikke høre lange forklaringer eller komplicerede analyser. De vil høre meninger, der er enkle, genkendelige og forudsigelige.

Hvis det er for lang en udredning, måske ligefrem sådan en, hvor man skal forholde sig til flere ting ad gangen, så er det nemmest at flytte opmærksomheden til konkrete personer, udtalelser eller begivenheder, der relaterer direkte til vores følelser. Konkrete personer eller letforståelige emner har en større *appeal* end abstrakte og komplicerede emner. Ingen gider at vente på pointen, hvis den kræver en analytisk tankegang eller en indsigt på et mere principielt niveau. Lidt som eksemplet fra før, hvor børn heller ikke spiser kålen, hvis de kan komme direkte til isdesserten. De fleste mennesker vil ikke udfordres, bare bekræftes, ellers zapper de. Derfor er det så nemt at manipulere med moderne mennesker og sælge populistiske budskaber. Omvendt er det svært at engagere folk i komplicerede eller alvorlige forhold, som eksempelvis klimaændringerne. Det kræver en masse viden og en del tænkning. Svarene er ikke givet på forhånd. Alt, hvad der kræver kildekritik og procesforståelse, har tilsyneladende svært ved at fænge og fastholde folks opmærksomhed.

Måske kan man ligefrem sige, at der tale om en slags kollektiv ubevidsthed, hvor enhver refleksivitet eller analytisk tankevirksomhed diskvalificerer individerne fra at være en del af det folkelige fællesskab, der definerer, hvad der er en acceptabel adfærd. Det værste er åbenbart at falde udenfor og gøre sig synlig og sårbar. Måske er det netop en slags duelighedsprøve, at visse personer frivilligt underlægger sig mængdens vrede og lader sig mobbe. Allerede i jernalderen, der på mange måder var en lavkonjunktur og derfor ligner vores tid, var der udvalgte folk, der mere eller mindre frivilligt lod sig ofre. De blev slået ihjel og smidt i mosen, så de kunne overbringe et budskab til åndernes rige. Dette skulle være i stammens interesse, for det troede man på. I dag ligger disse budbringere på museerne, som moselig.

Hvor langt er vi moderne mennesker nået siden da? Enhver kan definere sin egen virkelighed ved at påstå hvad som helst, hvis blot der er tilstrækkeligt mange, der tilslutter sig. En som Donald Trump kan forøge sin popularitet blandt minearbejderne ved at påstå, at klimadagsordenen ikke er en troværdig fremstilling af virkeligheden. Liberalistiske politikere herhjemme påstår tilsvarende, at skattelettelser eller større arbejdsudbud er måden at skabe øget beskæftigelse. Forbavsende mange mennesker synes åbenbart, at det lyder rigtigt, og stemmer på dem.

Men et eller andet sted må vi da vide, at tyngdekraften ikke kan ophæves ved at finde et flertal for en alternativ opfattelse. Virkeligheden er ikke demokratisk. En LSD-påvirket person kan muligvis være overbevist om, at tyngdekraften er ophævet og hoppe ud fra 12. sal i troen på at kunne flyve. Her har den manglende virkelighedssans straks en mærkbar konsekvens. Men et lignende empirisk virkelighedstjek kan vi ikke lave, når kendte personer i medierne kommer med vanvittige teorier og påstande, som vi ikke har mulighed for at få undersøgt eller afklaret. Klimaændringernes eller de økonomiske teoriers konsekvenser viser sig først på længere sigt, og så er det lidt sent at indrømme, at man 'måske tog fejl'.

Sagen er, at alle har ret til at tro på hvad som helst, og selv når man får et enkelt eksempel til at gælde som princip, skal man ikke dømmes som idiot af den grund alene. Men virkeligheden har det med at gøre modstand. Den retter sig ikke frivilligt efter ens tro, bare fordi man har udråbt sin egen udlægning af fakta til at være almengyldig. Det går til gengæld helt galt, når magtfulde personer tvinger deres private opfattelse ned over pøblen, omdefinerer virkeligheden på andres vegne og skubber samfundets samlede udvikling ind i en blindgyde. Før eller siden må der betales en pris for den slags fejlbedømmelser.

Det er besværligt at være så bevidst og reflekteret hele tiden, og det er så meget nemmere at lade sig føre med af tidens strømme. Vi er en del af bølgen, også når vi står på et plastikbræt eller kun 'streamer' der, hvor vi synes at have kontrol over vores fremdrift. Men det er kun med møje og besvær, vi har udviklet en civilisation. Kun ved at se op, stille kritiske spørgsmål, tænke os om, og ved at turde sætte os uden for den etablerede sandhed, kan vi komme nærmere hinanden og virkeligheden derude.

Nu er vi et sted på åbent hav, hvor vi driver i hver sin retning, længere væk fra hinanden, som galakser i et endeløst univers. I starten føles det som frihed, men snart savner vi fællesskabets nærvær og konsekvens. Når horisonten er en blå cirkel, og alle bølger ligner hinanden, føler vi os ikke længere unikke, men ensomme.

Havet er storslået og gavmildt. Alt har sin pris. Kun en tåbe frygter ikke havet.

2. Del – Strømmen

7 Forandring og genkendelighed

Vi står midt i en forandringens bølge. Nede i dybet er strømmen, der fører os frem, som en vertikal akse i forhold til overfladens horisontale flade. Og som altid når man står midt i noget, er det svært at få overblik over, hvad der egentlig sker. Medierne, ikke mindst de sociale medier, fremstiller et broget billede med fokus på enkeltsager og personlige interesser. Ofte tages der udgangspunkt i en konflikt, hvor man skal tage stilling til den ene eller den anden side. Er du for eller imod? Giver du en glad eller en sur smiley? Denne tilgang sikrer umiddelbart et stort engagement, for alle kan give deres besyv med, men det er ikke med til at opklare noget, give os en dybere forståelse af 'verdens sande tilstand'.

En af de mest magtfulde personer, præsident Donald Trump, er selv kendt for at bidrage med overfladiske budskaber på Twitter. Her sabler han alle ned, der vover at have en anden mening end ham selv. Konsekvent kalder han journalisternes analyser for 'fake news'. Om ikke andet så ligner Trump et ikon for populismen, den bølge, vi rider på for tiden. Der er andre lige så væsentlige emner, som det meget omtalte Brexit eller flygtningekrisen, som demonstrerer en manglende evne til en fælles stillingtagen og i det hele taget en konstruktiv håndtering af tidens problemer.

Der findes selvfølgelig en understrøm, en dybere forklaring på, hvorfor vi, som mennesker, som samfund og som organisation ikke længere er i stand til at hæve os op over den umiddelbare egeninteresse og forholde os konstruktivt til de udfordringer, vi står over for. For at komme bag om de umiddelbare og ofte følelsesladede nyheder, vil jeg starte et helt andet sted. Jeg vil se på menneskets udviklingshistorie og den måde, vi indretter os på i fællesskaberne. Hvad er det for nogle psykologiske mekanismer, der styrer vores handling, og hvor kommer de idéer fra, som strukturerer vores samfund?

I urtidens jæger- og samlersamfund og senere, i de første byer, levede mennesket i små grupper, hvor man beskyttede hinanden og skabte tryghed. Disse små fællesskaber var overskuelige og opfyldte individets behov. Verden udenfor var farlig, og fremmede blev opfattet som trusler. Det genkendelige spiller også en rolle i dag, og det er for eksempel ikke tilfældigt, at valgplakater fremviser portrætter af politikerne. Kendte ansigter virker mere troværdige end mere eller mindre ukendte navne på en stemmeseddel. Også de kulørte blade benytter sig af fascinationen af de kendte, som nærmest opleves som en del af ens egen familie, bare fordi de er synlige og genkendelige.

Tilsvarende opfattes simple og markante fremstillinger umiddelbart som mere troværdige, allerede i kraft af at de får os til at føle os trygge. Menneskets hjerne har udviklet sig over meget lang tid, og frontallapperne er det senest udviklede lag. Her ligger evnen til at tænke abstrakt, sammenligne, vurdere og planlægge. Disse mere avancerede funktioner udgør kun et lille lag, som en tagterrasse på en høj bygning. Udsigten er sikkert fin herfra, men det er de nederste etager, der bærer toppen.

Menneskets udviklingshistorie viser os, hvordan bevidstheden er aflejret lag på lag i en bestemt rækkefølge. Vores adfærd er styret af de ældre, emotionelle lag. Alt hvad der hedder kultur og teknologi er kommet til, i takt med at vi blev moderne mennesker. Hele vores hormonsystem, sanseapparat og grundlæggende reaktioner blev udviklet i løbet af millioner af år. Styresystemet er ikke blevet opgraderet overhovedet siden da. Følelserne og rygmarvsreaktioner har en enorm betydning for vores adfærd, selv om vi bruger højteknologiske hjælpemidler i dag.

Selvfølgelig har vi tilpasset os på mange måder, og tilsvarende har vi løbende ændret på vores levevis. Vi har udviklet komplicerede samfund og lever under nogle helt andre vilkår i dag end i oldtiden. Men moderne mennesker bliver nemt stressede og syge af de krav, der stilles i et moderne samfund, netop fordi de evolutionære aflejringer udgør så stor en del af os. Vores kognitive udvikling kan ikke følge med i samme tempo, som samfundet og teknologien har udviklet sig i. Mange vigtige beslutninger bliver truffet på baggrund af indskydelser og fornemmelser, hvortil vi efterfølgende vil finde de argumenter, der kan retfærdiggøre dem. Forestillingen om den verden, vi oplever, er hele tiden under udvikling. Vi har antagelser, hypoteser og fornemmelser, som vi løbende forsøger at få bekræftet, afkræftet eller præciseret. Vi arbejder med modeller, som gerne skulle svare til virkeligheden, og det opfattes som næsten helt o.k., at man forsøger at tilpasse virkeligheden til sin indre model af virkeligheden, hvor man af indlysende grunde skulle gøre det omvendte.

Virkeligheden har det med at stritte imod den skabelon, vi prøver at presse ned over den. Men så længe vi har med mennesker at gøre, så er det forholdsvist enkelt at manipulere med sandheden. Enhver spindoktor eller forfører ved, at mennesker er påvirkelige, netop fordi vi mennesker lader os friste til at tro på lige netop den version af 'virkeligheden', der passer os bedst. Vi har lært at acceptere denne menneskelige side ved hinanden, fordi vi er sociale væsner, der kun fungerer i fællesskab med andre mennesker.

Oplevelsen af at være fælles om noget understøtter følelsen af tryghed, hvilket kan have stor betydning i afgørende situationer. Følelsen af utryghed kan netop forstærke behovet for en stærk og synlig leder, der tager hånd om tingene. Af samme emotionelle og usaglige grunde sker ansættelser ofte i højere grad på baggrund af subjektive oplevelser af sympati eller antipati end på baggrund af objektive og saglige argumenter. Fra diverse undersøgelser ved vi, at høje, slanke og pæne mennesker ofte har en umiddelbar fordel i situationer, hvor der skal foregå en udvælgelse, blot fordi de opfattes som klogere og bedre end de små og buttede typer. Omvendt kan det for eksempel undre, at en stille og modtagelig persons pålidelige udstråling kan være udslagsgivende, i en tid hvor det er moderne at være ekstrovert. Muligvis handler dette igen om tryghed.

Generelt kan man sige, at personlig kemi ofte går forud for de mere rationelle, fagrelevante kriterier, der objektivt bør begrunde valget af en bestemt person. Mennesker bedømmer hinanden hele tiden, men forklaringerne er ikke altid lige troværdige. Som den mor, der får at vide, at hendes søn er en massemorder. Hun fastholder stædigt, at han 'inderst inde er en god dreng', og ingen faktuelle oplysninger eller argumenter kan ændre på hendes opfattelse. Tilsvarende kan en politiker, der er grebet i en direkte løgn, slippe godt fra det, hvis folk af subjektive grunde er overbeviste om, at han/hun er 'god nok'. Vi kalder det fordomme, altså domme, der er afsagt, før man har foretaget en rationel vurdering af sagen eller personen. Hvad der i sidste ende er i ens interesse, har oftest meget lidt at gøre med det, man tror.

Sammenfattende kan vi sige, at bange og usikre mennesker ofte træffer dårlige beslutninger, da de dømmer ud fra fornemmelser og antagelser uden hold i virkeligheden. Som regel mangler der en realistisk vurdering eller en nuancering, så mennesker kommer til at fremstå som stereotyper. De moderne medier muliggør en vildledning af hele befolkningsgrupper, især hvis disse føler sig utrygge eller usikre. Faren ved den politiske populisme er altså en manipulation i retning af en radikalisering af modtagelige individer eller grupper. I det næste kapitel vil jeg derfor se på mulighederne for at imødegå sådanne tendenser. Dette forudsætter en styrkelse af den individuelle dømmekraft og bevidsthed.

8 Tro, logisk tænkning og bevidsthed

At nå frem til den rette vurdering af en sag eller en person er en kompliceret opgave, som kan løses ad forskellige veje. Ofte føler vi mennesker én ting, mens vores forstand siger noget andet. Der er faktorer som præstige, loyalitet, personlige fordele/ulemper eller ren og skær tro, der kan tippe balancen i en bestemt retning. I det næste vil jeg undersøge forholdet mellem tro (generelt) og logisk tænkning med det formål at komme nærmere en afklaring af begrebet 'bevidsthed' og dermed den opfattelse, vi har af os selv, de andre og verden i det hele taget.

Man kan ikke diskutere 'tro' (som i overbevisning), siger man. En persons tro er ikke et resultat af analyser, men en tilstand, der er fremkommet af helt andre årsager. Selv om processen, der har ført til denne tilstand, ofte er forskellig fra person til person, så kan man godt spørge, hvad der får os mennesker til at forsvare bestemte antagelser uden at have et egentligt argument. Jeg skelner her mellem nogens konkrete tro (på noget) og tro som fænomen (i almindelighed).

I videnskabsteoretisk sammenhæng, kalder man det en dom eller et postulat, når person x siger: "Alle svaner er hvide". Filosoffens opgave er at afgøre postulatets sandhedsværdi. Et postulat nøjes med at postulere noget, som om det var sandt, mens hypotesen tager et forbehold fra starten. En hypotese er et udkast, et teoretisk støttepunkt, hvor undersøgelsen af sandhedsværdi er 'skudt til hjørne' (suspenderet). Med en hypotese er man klar over, at man ikke på forhånd kan vide, om der f.eks. findes svaner i andre farver end hvid. Hvis man omvendt tror på påstanden 'alle svaner er hvide' fra starten af, så er man allerede afklaret på forhånd, og der er ikke nogen grund til at undersøge noget som helst. En sort fugl kan ifølge dette postulat ikke være en svane, da postulatet definerer selve begrebet (svane=hvid fugl) og derfor kriteriet for, hvad vi kan kalde 'en svane'.

Hvor en hypotese tager udgangspunkt i tvivlen, er et postulat (ofte) begrundet i en definerende antagelse. Ligeledes kan man for eksempel antage, at alt er forudbestemt (prædestineret), for så slipper man for at bære et personligt ansvar for valg, hvis udkomme man ikke kan vide noget om. Vi kan sige, at hvis en person ikke tager et forbehold for sin påstand, så er der tale om et postulat, hvilket kan være udtryk for en overbevisning, som det er svært at få begrundelse for. Efterlyser man en begrundelse for et sådant postulat, får man netop som svar: "Sådan er det bare". Der er med andre ord ikke en bagvedliggende, logisk forklaring, blot en konstatering af postulatets sandhed. Påstandens reference er selve troen på dens rigtighed.

Troen, som udgangspunkt for en antagelse, taler direkte til vores følelser. Enten føler vi os positive over for et udsagn, eller vi gør ikke. Troens enkle budskaber tegner et klart enig/uenig eller ja/nej billede af det, vi har foran os, så vi ikke behøver at gå den besværlige omvej over tanken for at nå frem til et resultat. Og netop fordi logisk tænkning er så omstændeligt, er der stor risiko for, at man begår fejl undervejs, eller at nogen har undladt (reduceret) noget for at manipulere med os. Derfor er der ingen garanti for, at man ender med sandheden. Så er det måske bedre at 'følge sit hjerte', som det så poetisk hedder i følelsessproget, som troen så flittigt benytter sig af. Kan tænkning så overhovedet svare sig?

For alligevel findes der filosoffer og folk, der gør sig den umage at tænke. Hvad er der mon galt med disse mennesker? Hvis de er så kloge, som de selv hævder, hvorfor kan de så ikke indse, at stort set ingen gider at høre på det, de siger? Tænkningens resultater er svære at forholde sig til, for det kræver, at man tænker med. Konklusionen, tænkningens produkt, forekommer ikke altid særlig vedkommende for den, der ikke gør sig den umage at tænke med. Det forekommer således, at man, hvis man er styret af følelser og impulser, nemt kan blive skuffet over 'de kloge', der prøver at styre uden om fordommene. Desuden er det forholdsvist nemt at sætte forbehold op, betvivle præmisserne, afvise den kausale sammenhæng eller argumentere i en anden retning – og havne et helt andet sted. Så hvad kan vi så overhovedet bruge tænkningen til?

Religiøs tro er ikke et alternativ til tænkning, men som umiddelbar oplevelse opfylder troen et naturligt behov. Den giver os et tilhørsforhold (believe and belong), en identitet og følelsen af at være en del af et større fællesskab. Den udfylder de huller, sjælen måtte have, og lægger sig som varmt brød i vores maver. Vi spørger ikke 'hvorfor', så længe vi føler os mætte. Når det føles rigtigt, må det være rigtigt, og når det siger 'rap' (eller hedder Donald), må det være en and. Religion handler ikke om at tænke, men om at finde et tilhørsforhold. Det, jeg undersøger her, er ikke religion, men tendensen til at antage noget, som der ikke er belæg for i tænkningen.

Tænkningens største udfordring er, at det kræver tænkning at indse tænkningens betydning for det at kunne se principperne bag det umiddelbare. Tænkning kan 'betale sig' (for nu at bruge et merkantilt udtryk), hvis man ønsker at have friheden til selv at vælge, hvilken vej man vil gå. Men tænkning er netop ikke en vare, man køber. Den forudsætter en indsats og en vilje til at indgå i en udviklingsproces, på samme måde som når man vil lære at bruge et nyt sprog eller lære at spille et instrument. I starten virker det uoverskueligt, men hen ad vejen oplever man en tilfredsstillelse ved det. En ny verden åbner sig, og der kastes lys på mangt og meget, der førhen blot var skygger.

En anekdote: To vandrere kommer gående ad en støvet landevej til en gård, hvor der står en bonde med sin svend og glor på en trillebør. De vandrende gæster taler ikke dansk. De vil gerne spørge om vejen, men uanset om de taler engelsk, fransk eller tysk, så ryster bonden og hans svend på hovedet. Til sidst må de gå derfra med uforrettet sag. Så siger svenden til bonden:

"Måske skulle man da lære et fremmedsprog?" Bonden svarer: "Det ka' da æ' svåre sig! De to talte da op til flere sprog, og hvad hjalp det dem?"

Ligesom talen er tænkningen bundet til nogle regler. Sprog (i skrift og tale) er i stor udstrækning faktisk tænkningens udtryksform. Men sprog kan også forstås som noget mere grundlæggende; ikke bare som valget mellem dansk, engelsk eller spansk. Der kan også være tale om sprog i en bredere forstand, f.eks. matematik, musik eller et billedsprog. Strukturen for disse sprog ligner hinanden, selv om de konkrete regler kan være forskellige, for strukturen relaterer til og afspejler den måde, vi tænker og opfatter på. Der er ikke kun én 'rigtig' måde at udtrykke sig på, lige så lidt som der kun er én rigtig måde at tænke eller være på. Det væsentlige er, at selve strukturen er på plads. Det vil sige, at man skal forstå sprogets principper.

Tænkningen forudsætter en vis disciplin, en anstrengelse, før den giver resultater. Disse resultater er til gengæld ikke afrundede og formfuldendte, for tænkningen åbner muligheder for nye indsigter, nye forbindelser og nye spørgsmål, som et endeløst neuralt netværk, et univers af nye galakser. At tænke er at deltage, at bevæge sig og at tvivle.

Tænkning indebærer tvivl, hvor overbevisningen giver sindsro. Søren Kierkegaard siger direkte, at troen (i sin religiøse form) udspringer af fortvivlelsen. Når tænkningen gør én fortvivlet, må troen være svaret. Men prisen for (t)roen kan vise sig at være, at man ikke længere bevæger sig på erkendelsens vej, men befinder sig i 'Platons hule', hvor virkeligheden fremstår som skyggespil på hulens bagvæg. For at bruge et moderne billede; et lukket rum med transmitterende fladskærme som eneste virkelighed. Her er det meget svært at forholde sig (have referencer) til virkeligheden uden for rummet. Ens selvbekræftende parallelvirkelighed kan i så fald risikere at forhindre en nuanceret oplevelse af omverdenen og dens referencer og dermed muligheden for kritisk tænkning som betingelse for udviklingen af en reflekteret identitet.

Mens troen indebærer en oplevelse af afklarethed, er tænkningen ofte blevet modstillet følelsen. Men måske er tænkningen ikke så forskellig fra følelsen, som man skulle tro. Både tænkningen og følelsen er betinget af vores fysiske tilstedeværelse, en hjerne, en krop med et neuralt netværk og en oplevelse af et subjekt, der kan opfattes som 'noget/nogen i sig selv'. Derfor kan både tænkning og følelse i princippet føre os til en større erkendelse. Tænkningen er en oplevelse, der gør det muligt at løfte sig fra det umiddelbare og opfatte sig selv refleksivt, altså som genstand for egen iagttagelse. Man kan således forestille sig, hvordan andre opfatter én, men også hvordan de andre må have det i en given situation. Tænkning er altså et værdifuldt supplement til vores umiddelbare, emotionelle oplevelse og intuition. Man kunne lidt forenklet sige, at forstanden tænker, og kroppen føler. Begge er nødvendige ingredienser for at kunne nå en større erkendelse og handle med fornuft.

Selve det at tænke hypotetisk og lade, som om noget var tilfældet, selv om man ved, at det ikke er det, er en form for kreativitet: 'Hvad nu hvis ...?'. Dette åbner muligheden for perspektivering, at forestille sig situationer og personer, anskuet fra forskellige vinkler. Det er netop tænkningen, der gør det muligt at danne hypoteser og få idéer, som vi kan afprøve, enten teoretisk eller i praksis (empirisk). Hvor sproget er det redskab, hvormed vi beskriver vores verden, bliver teknologien det redskab, hvormed vi former verden. Den franske filosof og hermeneutiker Paul Ricoeur ville sige, at mennesket ved sin fremstilling i skriftsprog og kunst skaber en distance, der gør det muligt at reflektere over sin egen identitet gennem disse frembringelser.

I flere science fiction-film (f.eks. "Bladerunner", "Terminator" og "The Matrix"), går man et skridt videre og forestiller sig, hvorledes teknologien kunne opnå 'bevidsthed'. Begrebet kan dog forekomme lidt diffust og temaet fortærsket og fremstillet som en kliché. Her er tale om et skrækscenarie, da teknologien potentielt kan vende sig imod menneskeheden. Temaet kendes allerede fra fortællingen om Edens have og kundskabens træ. I sin moderne udgave transformerer fortællingen sig til, at maskinerne – vor tids teknologiske 'kundskab' – overtager magten. Det understøtter således den tvivlsomme antagelse, at 'kundskab' (snilde og teknisk beherskelse) er lig med magt og giver mening i sig selv.

Problemet er dog, at maskiner og robotter ikke har en vilje, en hensigt eller en 'sjæl', eller hvad vi nu ønsker at kalde det, at man bliver refleksiv og bevidst. Både vilje, sjæl og identitet er sider af det, vi kalder bevidsthed, og maskiner har netop ingen bevidsthed. Det er alt for let at erstatte 'bevidsthed' med 'intelligens' (målt i tal, som en mængde i stedet for en kvalitet) og slippe afsted med at påstå, at en skakcomputer er 'klogere' end et menneske, blot fordi den har en højere IQ. At have en bevidsthed kan netop ikke bare reduceres til, om man ved noget eller føler noget. En computer kan rumme ufatteligt mange informationer (data), og selv en orm snor sig, når man sætter den på krogen, hvilket indikerer, at den kan føle noget. (Hvem er vi til at definere netop vores tanker og følelser som noget særligt 'ophøjet'?). Alligevel kan hverken computer eller orm hævdes at have en bevidsthed eller en identitet på det grundlag. Det afgørende må derfor være, om man kan skelne mellem sig selv og omverdenen på en bevidst måde, så man kan *ville* noget (intentionalitet).

Det er netop i kraft af sammenstødet mellem menneskets ældre, emotionelle og instinktive sider og den mere moderne, forstandsstyrede del af vores hjerne, at vi oplever en spænding i os selv. Maskiner mangler denne dualitet mellem en biologisk formet krop med en lang, evolutionær historie og en moderne hjerne, der formår at tænke abstrakte tanker og stille principielle og eksistentielle spørgsmål. Bevidsthed er resultat af en lang proces, hvor følelse og tænkning former sig til et reflekterende individ, der har en hensigt med sine handlinger. Der må altså være tale om en identitet, en vilje og en opfattelse af mening. Det tager lang tid – evolutionært såvel som individuelt – at udvikle bevidsthed, for der kan ikke blot være tale om noget statisk; der må være tale om en balance mellem forskellige kræfter, noget relationelt. Bevidstheden har brug for noget at relatere til som reference i forhold til sig selv. Bevidsthed minder om skyerne; de er genkendelige, men man kan ikke forudsige, hvordan de vil udvikle sig. Der er rigtig mange mulige variationer med udgangspunkt i de relativt enkle startbetingelser og principper.

Bevidsthed er mere end bare følelse og tænkning. Det er den samlede oplevelse af 'at være til', svarende til den energi, der gennemstrømmer hver enkelt celle af ens krop og oplevelsen af mening med at være i verden, i tiden og i sig selv. Hvor tænkning ofte sidestilles med kognition eller 'intelligens' svarende til et tal (intelligenskvotienten), er det straks sværere at (be-)gribe bevidstheden på lignende vis. Det er svært at måle noget, man ikke har nogen klar opfattelse af eller definition på. Men netop fordi vi ikke har en entydig opfattelse af bevidstheden, er den svær at håndtere inden for de skabeloner, vi benytter os af i hverdagen.

Der er en lang filosofisk tradition for den slags overvejelser. Martin Heidegger brugte et begreb som 'dasein' (tilstedeværen). C. G. Jung funderede over begrebet 'kollektiv (u)bevidsthed', men allerede Hegel beskrev en kollektiv bevidsthed som 'Verdensånden', en slags sekulært gudsbegreb, hvor bevidstheden ikke længere er begrænset til individet. Forud for Hegel var der en gammel strid mellem empiristerne og de rationalistiske filosoffer, som Descartes og Spinoza. Sidstnævnte skelnede mellem 'den skabte natur' og 'den skabende natur', så ånd og materie kunne overlappe hinanden, som når mennesket skaber en 'rationel' maskine. Spinoza forsøgte at forene disse forestillinger på rationalistisk vis, men løb ind i datidens (1600-tallets) pendant til en shitstorm, da både jøder og kristne så hans teori som blasfemisk. Bevidstheden må have noget at gøre med forholdet mellem os, verden og virkeligheden – det, der virker på os og ved os. Muligvis fortæller dette forhold os, hvordan vi mennesker forstår os selv *i* verden, mens vi skaber verden, ikke kun i praktisk/teknisk forstand, men også som et sindbillede. Vi prøver måske at skabe en form for overensstemmelse mellem vores selvopfattelse og verdens spejlbillede af os selv, som når vi prøver tøj i et prøverum.

Jeg nævner alt dette for at illustrere, at 'bevidsthed' er mere omfattende end blot 'tænkning' eller 'følelse', og at den indeholder bagvedliggende forestillinger om tid, væren og intetheden. Disse idéer er præget af teologisk dogmatik såvel som verdslig eksistensfilosofi. Tro og viden kan følge parallelle veje, ligesom følelse og tænkning kan virke på hver sin måde. Det er først, når vi hæver os op over det umiddelbare og ser hinsides de individuelle interesser, at der åbner sig nye muligheder for at forene disse strømninger til et niveau, der transcenderer det enkelte menneskes meningsfulde oplevelse af verden og af sig selv.

9 Mening og epistemet

Begrebet 'mening' er svært at sætte på formel. Det drejer sig om noget meget individuelt og situationsbestemt, som alligevel er alment og genkendeligt. Det angiver for mig at se en relation, hvor 'nogen' oplever 'noget' i en sammenhæng. For at komme ind i emnet og sætte ord på, må jeg gå en omvej.

Som vinden former klitterne, har udviklingshistorien formet de evner, med hvilke vi mennesker forstår og benævner verden. Jeg fandt inspiration i forordet til Michel Foucaults bog fra 1966, "Ordene og tingene", hvor forståelsesrammen og den orden, vi relaterer til, kaldes episteme. 'Episteme' kommer af græsk og kan oversættes som en slags overordnet referenceramme eller struktur. Foucault opdeler epistemerne i distinkte, historiske perioder; renæssancen, klassicismen og moderniteten. I Arne Grøns udførlige introduktion til værket læste jeg bl.a.:

"Forholdet mellem ordene og tingene bestemmes af et historisk foranderligt ordningsprincip, epistemet. Dette bestemmer, hvad mening og forklaring er, idet det at give mening er at føre tilbage til en orden."
Og desuden:
"Mennesket står indlejret i en meningsfuld sammenhæng, og denne meningsfuldhed lader sig ikke anfægte. At forstå noget er at kunne placere det (i den omtalte meningsfulde sammenhæng eller orden. red.)."

Det fremgår, at mening her er noget, vi mennesker tillægger tingene ved at benævne dem og placere dem i en sammenhæng. Jeg vil hertil bemærke, at det ikke længere er uanfægteligt, hvad man kalder meningsfuldt. Dette er synligt i vores tid, hvor enhver kan fremstille sin egen, private orden efter behov. Ej heller sproget er længere entydigt, da ordene efterhånden repræsenterer den mening, det enkelte menneske ser anvendelig i sin aktuelle situation. For eksempel er det blevet almindeligt at sige: 'Det handler omkring' i stedet for 'Det handler om'. Men selv om den blotte udbredelse af den slags fejl ikke gør fejlen mindre, så har sproget en tendens til at formes af dets brugere. Det forventes, at den lyttende part udviser indlevelse i netop den talende parts *'mindset'*. Man forventes ikke at forholde sig kritisk til det arbitrære sprogbrug, men at lytte til hensigten bag ordene.

Epistemet, på den anden side, som 'historisk foranderligt ordningsprincip', forudsætter en historisk og kulturel fællesbevidsthed, der ikke længere er en selvfølgelig del af det moderne, multikulturelle menneskes pragmatiske virkelighedsopfattelse. Virkeligheden er fragmenteret. Enhver er blevet sin egen lykkes smed, og ordene anvendes i stigende grad til kun at regulere ens egen hverdag og facilitere ens umiddelbare, personlige behov. Sproget udvikler sig således med reference til en aktuel og genkendelig virkelighed. Det er den individuelle opfattelse af virkeligheden, der må have flyttet sig, for der refereres ikke længere til *'en historisk og kulturel fællesbevidsthed'*, men til de situationer, vi kan genkende hos hinanden i kraft af den individualiserede ensretning, der kendetegner det moderne liv.

Her bliver det synligt, hvor meget vi individuelt og som samfund har flyttet os siden Foucault skrev teksten i 1960'erne til i dag. På 50 år har vores opfattelse af hvad en person er, rykket sig så meget, at vi ikke længere relaterer til en fælles, kulturel opfattelse af mening, men overlader det til hver især at definere, hvad der giver mening for vedkommende. Mening er ikke længere historisk eller kulturelt funderet, men privatiseret. Der er ikke længere tale om en 'meningsfuld sammenhæng', forstået som en ensartet, kollektiv opfattelse af verden. Meningen opløses i takt med, at sammenhængen bliver diffus. Det kan ikke undre, at sproget tilsvarende bliver upræcist og arbitrært.

Jeg mener også, at denne udvikling er synlig i for eksempel modviljen over for det akademiske, der traditionelt står for et differentieret og præcist sprog, svarende til den koncise, akademiske tænkning. Dette sprog opfattes i stigende grad som uvedkommende. Tilsvarende ser man overfladiskhed og populisme som led i et folkeligt oprør mod 'The Establishment', eller magteliten, som man identificerer med den del af befolkningen, der har de videregående, akademiske uddannelser.

Jeg påstår ikke, at denne kritik mod systemet nødvendigvis er uberettiget, men konstaterer blot, at denne udvikling ikke kan være omkostningsfri. Elitens manglende folkelige mandat giver sig udslag i en folkelig utilfredshed og giver næring til en voksende populisme, hvor talen forventes at forholde sig direkte til borgernes individuelle og umiddelbare behov. Argumenter afløses her af enkle påstande, som man kan være enig eller uenig i. Kritiske spørgsmål opfattes som personlige angreb, og alt bliver reduceret til en magtkamp. Embedsførelse erstattes af forretningsførelse, og forklaringer erstattes af gentagelser, osv.

Lad os komme tilbage til begrebet 'mening' og Arne Grøn. I introduktionen står der endvidere:

"Mennesket er i den klassiske verden en tilskuer, der ordner – et endeligt væsen, hvori en uendelighed (verden) repræsenteres. (...) Endvidere havde repræsentationen det besynderlige over sig, at der ikke var plads til det repræsenterende menneske; det var så at sige repræsentationen, der repræsenterede sig gennem mennesket. Med repræsentationens bortfald (i moderniteten. red.*) kommer mennesket i centrum. Det subjekt, der før stod over for et objekt, bliver nu selv et objekt, og det er på den baggrund, at man skal se humanvidenskabernes opståen* (i 1800-tallet. red.)*."*

Foucault mener (altså ifølge Arne Grøn), at humanvidenskaberne og dermed vores optagethed af menneskelivets forskellige aspekter undersøges i forskellige fag, ordnet efter emne: Biologiske fag relaterer til evolution og liv; økonomiske fag relaterer til mennesket som arbejdende væsen, filosofiske, filologiske og æstetiske fag relaterer til mennesket som respektive tænkende, talende og sansende væsner. Humanvidenskaberne er således opstået lige pludselig for et par hundrede år siden og kan lige så hurtigt forsvinde igen, ifølge Foucault i 1966. Og ganske rigtigt er humanvidenskaberne ved at blive reduceret til en slags formålstjenlig færdighedstræning (økonomi, statistik, m.v.). Tænkningen i sig selv har tilsyneladende ikke længere en værdi, da alt måles i markedsværdi. Et filosofisk fag som retorik bliver reduceret til 'salgsteknik'. Dannelse og humaniora erstattes overalt af pragmatiske produktionsfag, hvor mennesket blot er et redskab i produktivitetens tjeneste, målt i bidrag til BNP, hvilket er blevet altings målestok. Tal og fakta præsenterer et tilsyneladende færdigproduceret verdensbillede, hvor vi ikke længere behøver at gå fortolkningens besværlige omvej.

Hvor Foucault i sin magttænkning forstår humanvidenskabernes opståen omkring år 1800 som et udtryk for en almen og oprigtig interesse i mennesket som menneske, er man i dag mere interesseret i individets præstationer og produkter. Mennesket er reduceret til en spiller, en forbruger, et redskab og et middel til 'nogens' (kapitalens) mål. Spørgsmålet, hvad et menneske dybest set er, erstattes af spørgsmålet, hvad et menneske kan bruges til. Subjektet, der stiller disse spørgsmål, betragter ikke længere sit objekt (mennesket) som et ligeværdigt subjekt (individ), men som en mængde eller et råmateriale.

Konsekvensen af denne tingsliggørelse må derfor blive, at såvel meningsbegrebet som humanvidenskabernes eksistensberettigelse bliver irrelevant. Når det ikke længere handler om, hvad et menneske er, men om, hvad det kan bruges til, er det ikke længere interessant at spørge: "Hvorfor?". Når man er optaget af at nå frem til synlige og målbare resultater inden deadline, er det ikke længere relevant at tænke kritisk. Og når den kritiske tænkning udfases på denne nye diskurs, vil der, som vi har konstateret, tilsvarende ikke længere være brug for et nuanceret og præcist sprog. Det bliver o.k. at sige, at 'det handler omkring' i stedet for 'det handler om'. Så er det ikke bare sjusk, men et tegn på forfald.

Begreber som episteme og mening ser ikke ud til at give en målbar forøgelse af produktiviteten og forekommer derfor ikke relevante i vores tid. Faktisk er det 'dårlig stil' at stille kritiske spørgsmål eller hæfte sig ved det principielle, hvilket sociologen Rasmus Willig har beskrevet i sin bog, "Afvæbnet Kritik". Her er der en række eksempler på offentlige fag, hvor det kan have alvorlige konsekvenser for en ansat, hvis vedkommende forholder sig kritisk til sin arbejdsplads. Man bliver til gengæld belønnet for at parere ordrer og følge opskrifter uden at spilde tid på at tænke nærmere over den dybere mening med det, man foretager sig. Normative spørgsmål og moral reduceres således til et spørgsmål om, 'hvad der kan betale sig', og til disciplinering ved hjælp af incitamenter, så man opfører sig efter gældende regler og normer, formuleret og bekræftet af en magtfuld person.

Om en påstand opfattes som gyldig eller ej, bliver således et spørgsmål om magt. Kritikken af magteliten skal forstås som et tegn på afmagt. Og selv om den retter sig mod magt i almindelighed, bliver verden aldrig fri for magtforhold. Uanset hvem vi fjerner fra magten, så fortsætter problemet i en eller anden form.

Det går galt, når en påstand ikke behøver nogen forklaring eller meningsfuld sammenhæng, for så er den ikke længere et udtryk for en fælles forståelse af verden, men for et konkret magtforhold. Et dekret skal ikke retfærdiggøres, da det både udspringer af og henvender sig til et dybere lag end individuel fornuft. Det handler om dominans, ikke om fornuft. Mening reduceres derved til et produkt af individets incitamentstyrede tilfredsstillelse over at have nået sit mål. Verden bliver todimensional og flad i denne model, og der er ikke længere plads til et relationelt meningsbegreb, som det oprindeligt var tænkt.

10 Magtens bagside

I 1710 blev København ramt af et pestangreb, hvor 22.000 af byens 60.000 indbyggere døde inden for et år. Pesten kom fra et lille fiskerleje uden for Helsingør. Myndighederne var underrettet og kunne have indført karantæne, men valgte at se tiden an, for man ville jo ikke risikere at skabe unødig panik og gene for de handlende. Desuden var det jo ikke helt sikkert, at der var tale om pest, som man ellers troede, man var sluppet af med. Myndighedernes tøven betød, at pesten kunne sprede sig, først til Helsingør, siden til det meste af Sjælland, inklusive hovedstaden.

Her var karantænen længe ineffektiv, da den langt om længe var blevet indført, for det bedre borgerskab ville jo ikke finde sig i at se sin personlige frihed begrænset af myndigheder. Eliten opfattede loven som et middel til at holde pøblen på plads. Myndighederne var til for at beskytte, ikke genere, de pæne borgere. Bare én enkelt borger fik brugt sin status og rigdom til at overtræde rejseforbuddet, kunne sygdommen brede sig uhindret. Men det var prisen for at have et klassesamfund, hvor nogle følte sig hævet over loven.

I Norditalien havde man siden slutningen af 1500-tallet udviklet karantænemetoden, der kunne inddæmme pesten, hvis man altså havde en myndighed, der havde magten og viljen til at få alle borgere, uden undtagelse, til at følge reglerne. Så snart man indkaldte et ekspertudvalg, bestående af de riges læger, der tog hensyn til de rige borgeres interesser, så gik det galt igen, og atter tusindvis af mennesker måtte dø. Man var altså tvunget til at suspendere hensynet til de riges krav på særbehandling og implementere regler, der gjaldt ens for alle. Det tog næsten halvandet hundrede år, før man nåede så langt i Danmark. Selv da man havde fået forklaret, hvad der gik galt, og hvordan man kunne undgå flere dødsfald, så ville man jo ikke risikere at ødelægge handlen og økonomien, bare fordi et par hundrede fattige faldt døde om.

Den samme holdning ser man i dag, hvor klimakatastrofen har været diskuteret i 50 år, uden man har gjort noget effektivt for at vende udviklingen. Eksempelvis ser vi Donald Trump påstå, at hele klimadagsordenen er opspind, og at man bare kan vælge at se bort fra den. Han 'befrier' dermed befolkningen fra det tunge ansvar, deres overforbrug har medført. Også hensynet til virksomhedernes indtjening og målsætningen om økonomisk vækst vejer tungere end truslen om et eller andet dystopisk fremtidsscenarie, der forekommer abstrakt og uvedkommende.

Først når indtjeningen svigter på grund af klimaændringernes konsekvenser, vil der opstå en forventning om, at 'nogen da må gøre noget'. Til den tid er det langt fra sikkert, at myndigheder og politikere vil have de nødvendige handlemuligheder og magtbeføjelser, som i mellemtiden – muligvis – er blevet udliciteret til de multinationale selskaber. I den situation er det ikke længere muligt at lave internationale aftaler, da ingen virksomhed eller nationalstat vil se sin konkurrenceevne reduceret af hensyn til fællesskabets interesser. Almenvellet vil oftest tabe til individuelle særinteresser, og kortsigtede fordele vil altid virke mere fristende end langsigtede mål.

Menneskets tendens er selvopretholdelse for enhver pris. Hvis ikke et individ overlever i dag, kan det være lige meget, hvad der kunne ske i morgen. Det ligger i menneskets dna, og vi må hver og én af os dagligt kæmpe mod fristelsen at tilsidesætte fællesskabets interesse til fordel for egne behov. Men mennesker er ikke robotter. Vi kan ikke bare programmeres til at følge et program uden at stille spørgsmål og efterlyse en mening. Vi kæmper også for at tro på noget. Vi kan ikke blive stående i det begrænsede rum, der er givet os, uden at miste noget værdifuldt. Oplevelsen af mening forudsætter netop en forestilling om en større sammenhæng end bare dette 'her og nu'.

Det er næsten forunderligt, hvordan vi, på trods af pragmatisk konkurrence og stræben efter personlig succes, glimtvis formår at bruge fornuften og finde frem til erkendelser, der forvandler vores liv og fører til indsigter, der transcenderer vores bevidsthed. Det lyder næsten religiøst, men er egentlig ganske banalt.

Indsigt er ikke bare en passiv bevidsthedsforøgelse, men resultatet af en aktiv kamp for at kunne rumme de modsætninger, livet byder os. Når først et menneske har vænnet sig til et privilegeret liv og til at få sin vilje, er det næsten umuligt at gå den anden vej. Det er mindst lige så svært som at holde op med at ryge eller drikke, når man nu har gjort det hele sit liv. Der er en tendens til, at vaner, impulser og følelser styrer ens handlinger, og at ens handlinger tilsvarende bliver mere og mere vilkårlige. Det er kun nødtvungent, man flytter sig. Der skal ofte noget udefrakommende til, som kan give en et incitament til at flytte sig. Mennesker, der ikke kender til modgang og ikke har en personlig erfaring med at befri sig selv fra dårlige vaner, har – ikke overraskende – ofte problemer med at genkende andres følelser. De har tilsvarende ringere evne til at leve sig ind i andre menneskers kampe. Som de siger i satireprogrammet Rytteriet: *"De fattige er da også så nærige".*

Empati er ikke bare en konstatering af andre menneskers følelser, men tillige en oplevelse af en form for samhørighed. Det er de emotionelle fællestræk, der binder os sammen. De skaber den kontekst, der kan føre til oplevelsen af mening, og derfor kan vi ikke bare se bort fra disse følelser. I så fald ville livet blive meningsløst, kedsommeligt og ensomt. Af samme grund kan stor magt være invaliderende for det menneske, der ikke kan rumme (magte) det ansvar, der følger med. Magt må handle om at magte; om at formå at forholde sig konstruktivt til enhver udfordring, uanset de aktuelle vilkår eller muligheder. Det kan ikke bare handle om at tilrane sig midlerne til at kunne bestemme over andre.

Men skoen trykker altid lige der, hvor det gør mest ondt. Man kan nu engang ikke løbe fra sig selv. Men til gengæld behøver man ikke tilladelse til at tænke selv. For at udvikle sig må man vedvarende kalibrere eller nulstille sig selv; balancere sine følelser og bruge sine tanker aktivt og kritisk. Det er ikke nok at proppe paratviden i knolden og følge en opskrift på, hvordan man bliver en succes. Opskrifter kan være forklædt som ideologier, religioner eller kulturspecifikke dogmer. Den slags skal man ikke tage imod uden en kritisk vurdering af, om de repræsenterer noget værdifuldt.

I eksemplet fra før havde de danske myndigheder ikke forstået princippet bag karantænen. De fortsatte derfor med at gøre, hvad de plejede at gøre: beskytte de velhavendes interesser og se bort fra alt, hvad der kunne true den herskende orden (forstået som norm eller opskrift). Derfor kunne de ikke standse pesten, og mere end en tredjedel af byens indbyggere omkom. Pesten var den udefrakommende faktor, der kunne have givet dem anledning til at tage deres dårlige vaner op til revision, men de forsømte denne mulighed.

Mange af disse dogmer har ikke ændret sig ret meget i de seneste 300 år, for myndighederne i dag prioriteter på samme måde som dengang. Økonomien og de gældende magtforhold vurderes som vigtigere end folkets ve og vel. Selv om civilisationen trues med udslettelse på grund af klimaændringer, undlader man at reagere under henvisning til konkurrenceevnen og lignende økonomiske begrundelser. Og på trods af højkonjunktur fortsætter man ligeledes med en sparekurs i det offentlige. En enkelt rigmand er åbenbart mere værd end 1000 fattige. Vækstparadigmet vejer tungere end miljøhensyn. Alt dette retfærdiggøres med påstande (doxa), som er udtryk for holdninger og bestemte værdier, som man – i princippet – har ret til at være uenig i. Hvis man efterlyser en forståelse eller begrundelse, bør man i stedet kigge på sammenhængen og den bagvedliggende orden (epistemet).

Intet kommer af intet, og alt kan sættes ind i en meningsfuld årsagssammenhæng, hvis man gør sig lidt umage. Det er anstrengende, det kan jeg godt se, men det er op til den enkelte, for valget er frit (endnu). Alternativet er at overlade verdens orden og styring til en lille elite eller en diktator, som per definition altid har ret. Sådan har det været i det meste af verden og i årtusinder.

Udfordringen ligger i at komme videre fra resignationen. Det nytter ikke at sige 'sådan er det bare', eller opfinde en gud eller en skrøne, der stabiliserer det herskende magtforhold. Det kan ikke bare være den, der råber højest, der har ret. Der må ligge et rationelt argument bag; noget, der sætter et udsagn i dets kontekst, i en diskurs. Det kan godt være, at det ikke altid er gavnligt at begynde at diskutere alt. Nogle gange skal man handle i stedet for at snakke. Men vi er ikke små børn længere. Vi har ikke brug for at få ordrer og få affejet vores spørgsmål med en hævet hånd. Vi har brug for at lære at tage ansvar selv, og derfor har vi brug for at forstå og drøfte de vilkår, vi skal leve under i et demokratisk fællesskab.

Demokrati handler for mig at se om at deltage i ansvaret og deles om 'at magte', om at forhandle, fortolke og formidle. Det handler ikke om at nå frem til bestemte resultater ved at true, gennemtrumfe sin vilje eller hævde sig selv på bekostning af andre, men om at finde en diplomatisk løsning på komplekse problemer og om at være åben over for processer, der ikke låser, men understøtter udviklingen. Demokrati skal ikke være det system, der sikrer, at alle ender med at få det, som ingen har ønsket sig, men handle om at skabe et fælles rum, hvor ressourcerne fordeles på en sådan måde, at alle har en reel mulighed for at bidrage til samfundet og deltage på egne præmisser.

11 Perspektiv: Frøen og ørnen

Når man er nede i jordhøjde og har fokus på detaljer, kalder man det 'frøperspektiv'. Omvendt kan man have fugleperspektivet, 'det store overblik', som var man en ørn, til at overskue en kompliceret sammenhæng eller have *'epistemologisk'* eller principiel indsigt. I virkeligheden er det gavnligt, hvis man magter begge dele – og gerne på samme tid. Men uanset hvordan ens perspektiv er, så kan realiteterne godt drille i forhold til det, man havde forestillet sig. De berømte ord: "Hvis det er fakta, så benægter a fakta", som forhenværende folketingsmedlem Kresten Poulsgaard kvitteres for at have sagt, illustrerer, hvor vanskeligt det kan være, at fastholde en vis objektivitet i sin anskuelse. Politikernes omgang med den viden, der rent faktisk foreligger, er ofte noget lemfældig. Det er dog ikke kun politikerne, der kan finde på at ændre fakta og tilpasse fortællingen til deres egen version af virkeligheden. Selve definitionen på, hvad man kan kalde fakta, kan åbenbart ændre sig, alt afhængig af hvem man spørger.

Selv om politikerne ofte er gode til at fornægte kendsgerningerne eller fordreje virkeligheden, er det generelt næppe en god idé at benægte det, der for alle iagttagere er indlysende fakta. Før eller siden går det op for vælgerne, hvordan det faktisk forholder sig i virkeligheden, og så er løbet kørt. Der foregår en daglig kamp for retten til at tolke den rette mening ud fra de endeløse tal og statistikker, embedsmænd og medierne præsenterer for offentligheden. Det kan gå grueligt galt, hvis man, som den norske opposition for nylig, tilrettelægger en politik basereret på gamle data og forældede tal. Det kan koste regeringsmagten.

Selv om alle har adgang til informationer, og der generelt ikke er mangel på informationer, når man frem til vidt forskellige konklusioner. Det må da sige noget om, at vores holdninger kun i ringe grad formes af fakta og data. 'Sandheden' defineres ikke af fakta, men af konsensus. Det er de meninger, holdninger og fortolkninger, man indbyrdes kan blive enige om gælder og er virkelige, der kommer til at afgrænse, hvilken sandhed der gælder. Det er således sandsynligt, at man finder de tal og statistikker, der understøtter det, der opfattes som politisk korrekt og socialt accepteret. De underbygger som regel den opfattelse, man i forvejen har. Af samme grund er det uforståeligt, at der bruges store ressourcer på undersøgelser og nye data, når de sjældent er med til at kaste lys over noget som helst.

Lad mig give et eksempel.

Dette er ikke et tilfældigt udvalgt eksempel, men et emne i sig selv. Men det illustrerer egentlig meget godt, hvad der foregår i vores samfund. Det handler om den fejlslagne integration, og hvordan vores manglende evne til at integrere indvandrere i vores samfund har splittet den danske befolkning i to diametralt modsatte lejre, der er mere optaget af at skyde på hinanden end at løse det problem, der var årsag til uenigheden. Her bruger man 'fakta' som kasteskyts. Det fyger med tal og referencer til diverse undersøgelser, alle hevet frem af en enkelt grund: at få modparten til at fremstå som nogle tåbelige ignoranter.

Tal bruges altså ikke til at kaste lys over en problematik, for uanset hvilke tal der refererer til et givent udsnit af et bestemt forløb, så tolker man dem vidt forskelligt, al den stund man allerede er overbevist om sin egen fortræffelighed og de andres dårskab. Helt tilbage til 70'erne og frem til i dag har vi brugt tusindvis af timer i den bedste sendetid på at diskutere et problem, som vi ikke er kommet tættere på at løse, end vi var til at begynde med. Vi har hørt alle argumenter, men er ikke blevet klogere af den grund.

For mig at se afslører denne skyttegravskrig en grundlæggende brist i vores demokratiske system. Vi kan ikke løse rigtige problemer ved at diskutere frem og tilbage, hvis ikke vi allerede har en fælles forståelse af, hvad problemet egentlig går ud på. Det er alt for fristende at mene lige netop det, det kan svare sig at mene. Enhver afvigelse fra konsensus vil resultere i en eller anden form for social fordømmelse og de deraf følgende konsekvenser.

Den store tyske filosof og samfundstænker Jürgen Habermas har en tese om 'den kommunikative handlen', hvor man må bøje sig for 'det bedre argument' og tale sig frem til magtens legitimitet. I bedste Rousseau-stil er legitimiteten givet af folkets 'almeninteresse' og deraf udspringende 'fællesvilje'. Fællesviljen er et teoretisk begreb, der repræsenterer en slags gennemsnitsholdning. Her går man altså ud fra, at borgerne har en mere eller mindre 'neutral' fællesinteresse i et velfungerende fællesskab. Der er dog langt fra denne hypotetiske fælles- eller almeninteresse til en faktisk formulering af det, der ville være til gavn for fællesskabet. Kun ved en vedvarende, offentlig dialog – altså i tv-debatter a la "Højlunds Forsamlingshus" og Clements "Debatten", kan man nå frem til en formulering af det, man forstår ved fællesskabets interesse. Legitimiteten i et demokrati viser sig således gennem en forhandlingsproces.

Nok er der en lang tradition i vesteuropæisk kulturhistorie og nyere (altså siden 1700-tallet) politisk historie for at inddrage folkets røst og træffe afgørelser ved afstemninger, hvor et flertal bestemmer, men, som allerede Platon gjorde opmærksom på, heller ikke flertallets røst behøver at afspejle, hvad der egentlig er i folkets fællesinteresse. Brexit er blot et eksempel på, at et flertal godt kan gå ind for en retning, hvis endelige pris de ikke aner noget om. Der er ikke tale om nogen neutral eller objektiv og faktabaseret beslutning. Følelserne spiller typisk en større rolle end saglige forhold i den slags sager. Populismen forholder sig ikke til det, der er problemet, men til det, der opfattes som et problem ud fra den opfattelse, en given person har haft hele tiden. Selv Habermas' flotte tese om 'det bedre arguments ejendommeligt tvangløse tvang' er ubrugelig i denne sammenhæng, for det handler ikke om fornuftige argumenter, men om, hvad et flertal allerede tror og mener. Ingen fakta eller argumenter kan ændre på det. Trump vil altid være en helt for sine tilhængere, uanset hvor mange ulykker han bliver årsag til.

Der foregår altså en slags italesættelse med henblik på at klarlægge og håndtere en bestemt problemstilling, som man også kan kalde en diskurs. En sådan kommunikativ praksis (som Habermas kalder den) skulle være med til at sikre, at befolkningen var engageret og opdateret om de spørgsmål, de måtte tage stilling til. Men så enkelt er det åbenbart ikke i virkeligheden. Der diskuteres oftest ud fra følelser snarere end ud fra sagkundskab. Nu er der ikke noget galt med engagement og følelser, og der er heller ingen garanti for, at viden og adgang til relevante oplysninger fører til kloge og saglige beslutninger. På den anden side er en saglig og rationelt begrundet politik at foretrække frem for det modsatte. Man skulle jo nødig rette bager for smed, bare fordi der er oppisket en lynchstemning.

Der findes en tredje ingrediens, altså ud over den saglighed og viden, der er nødvendig for at kunne træffe kloge beslutninger på befolkningens vegne. Det er en egenskab, der bedst beskrives som 'visdom'. Her er det, vi skal huske ørnen og dens overblik, så det bliver muligt at navigere, selv om bølgerne går højt, og udsigten forringes. Hvem kan holde hovedet koldt og finde tilbage på sporet? Hvem kan angive en retning og undgå panik? Hvem kan se og formulere et mål, selv om alle andre er gået i selvsving? Det er den, der kan samle trådene og føre flokken i trange tider. Det er ikke nok med en masse data eller tal, hvis ikke man kan finde ud af at anvende dem på en proaktiv måde. Det er heller ikke nok at være karismatisk eller kreativ, hvis man ikke har en smule selvkontrol eller lader sig styre af personlige behov og tilfældige indskydelser. Man skal kunne løfte sig op over sit eget her-og-nu, hvis ikke ens lederskab skal ende i – eller ligefrem basere sig på – de tre k'er: kortsigtede beslutninger, korruption og kaos.

Pragmatik er en overvurderet egenskab i disse tider, hvor alle kræver sorte tal på bundlinjen og uafbrudt vækst i butikken samt personlig succes. Det er sjældent populært at efterlyse andre klare kriterier for succes eller at italesætte prisen for succes på lidt længere sigt. Hvad der for folket kan se ud som en succeshistorie eller som den rette vej at gå, kan i virkeligheden, ud fra et lidt større perspektiv, være en blindgyde. En karismatisk og pragmatisk leder kan udnytte en folkestemning til sin egen fordel, selv om det på sigt kan gå så grueligt galt. Hitler havde succes med at overtale store dele af befolkningen og et flertal i Rigsdagen til at overlade magten til ham, dengang i 1933. Med slagord som 'Lebensraum' og 'Deutschland über Alles' fik han pustet til befolkningens sårede nationalfølelse, så gnisten blev til en ildstorm.

Denne form for nationalisme er en kraft, vi ikke må undervurdere. Dyret vokser frem i et pragmatisk og selvretfærdigt samfund, hvor kritisk sans er bandlyst, og konsensus opsluger store dele af befolkningen. Det er en vredens vej, der definerer sig selv som 'god' ved at bestemme de andre som 'onde'. Nationalismen vokser nu atter frem i Østeuropa, hvor konservative kræfter fra Polen til Østrig og Ungarn har taget magten. På den anden side af Atlanten ser vi præsident Trump, der siger 'America first!'. Budskabet finder genklang i mange lande. Så er der Brexit, hvor partileder Nigel Farrage og UKIP fik held til at overtale briterne til at forlade EU, uden at nogen kunne overskue konsekvenserne deraf. Nu, hvor prisen for denne nationalisme er ved at gå op for nogle af dem, er der en del, der fortryder. Imens er Nigel Farrage den pyroman, der overlader det til andre (premierminister Theresa May), at rage kastanjerne ud af ilden og få forhandlet en 'deal' hjem i de vanskelige forhandlinger med EU.

En rigtig leder er ikke bare taktisk dygtig eller god til at udnytte enhver situation til sin egen umiddelbare fordel. En rigtig leder har en overordnet forståelse og respekt for traditionerne og de kræfter, der er på spil, samt det embede og det ansvar, han eller hun har fået betroet. Dette folkelige mandat bør være grundlaget for en langsigtet, strategisk plan til gavn for nationen (folket), miljøet og freden. En sådan idé om udviklingen af en større helhed skal selvfølgelig være rationel og struktureret. Den kan ikke være vilkårlig eller opfundet til lejligheden. En sådan meta-idé kaldes for en ideologi, altså et verdenssyn, noget, der transcenderer det individuelle udsyn op på et kollektivt niveau. En statsleder skal ikke nøjes med at tage hensyn til økonomien eller være pragmatisk, som en forretningsmand skal. En statsleder skal også være ideologisk og se hinsides sine personlige interesser i sit virke. Det er selvfølgeligt en farlig størrelse, da ideologier kan misbruges og føre til globale katastrofer. Det er nok ikke alle, der formår at bære et sådant ansvar. Men på den anden side gør ideologier det muligt at finde måder at håndtere de kræfter, der styrer udviklingen under alle omstændigheder. Der er tale om en slags højtliggende jetvinde, der befinder sig i en vis afstand fra det lokale vejr og har en virkning i et større perspektiv.

Mange af de ledere, vi ser poppe op som tordenskyer rundt omkring, har kun deres eget bedste for øje. De er mere optagede af repræsentationskontoen og ministerbilen end af befolkningens ve og vel. De er måske populære i en periode, for de virker handlekraftige, menneskelige og genkendelige, og de siger ting, vi kan forstå. De virker tilforladelige, når de med alfaderlig stemme bedyrer, at 'det nok skal gå'. De frister os forbrugere med tilbud og økonomiske incitamenter, fodrer den indre svinehund, så at sige. Men på sigt er det bare ustabil, varm luft og mavekrampe. Det er vældig populært for tiden. Der er altså en direkte forbindelse mellem pragmatisme, populisme og kynisme. Hvornår vil befolkningen gennemskue det? Man kan snyde nogen hele tiden og alle noget af tiden, men ikke alle hele tiden, sagde præsident Abraham Lincoln engang i 1860'erne.

Selv en frø, der ikke vil vide af jetstorme og lignende, er afhængig af vejret. Man kan erklære sig ikke-ideologisk og pragmatisk, men det betyder ikke, at man slipper for vinterstormen i det ideologiske landskab. Man kan bygge mure og grave grøfter, men tyngdekraften ophæves ikke af den grund. Vi lever i en verden, hvor de lokale begivenheder i ens liv ikke længere kan isoleres fra verden 'derude', for verden er også lige her. Paradiset, det uskyldige, lokale samfund med sine afgrænsede regler i bedste Morten Korch-stil findes ikke længere. Således er det ikke et frit valg. Det står af principielle grunde ikke til forhandling, om der skal være flygtninge eller ej, om vi går ind for klimaændringer eller ej, om vi tror på tyngdekraften eller ej. Vi kan ikke diskutere os frem til en anden virkelighed, for det er ikke en demokratisk afgørelse. Virkeligheden er ikke et resultat af en vedtagelse eller en forhandling, men en præmis. Vi kan heller ikke isolere virkeligheden til kun at gælde lokalt eller i et særligt afgrænset tidsrum, for den hænger kausalt sammen i stort og småt.

Det er vilkårene, og det må vi forholde os til på en mere konstruktiv måde, end vi hidtil har været i stand til. Først må vi erkende virkeligheden realistisk, som den er, dernæst prøve at forstå, hvorfor den er, som den er, og til sidst forholde os fremadrettet til virkeligheden og udfylde den plads, vi har i den. Historien vil gentage sig, hvis ikke vi lærer af den. Til syvende og sidst kan vi ikke stille os uden for verden, som den er i virkeligheden. Vi er tvunget til at forholde os til verden som proces og indgå i den. Vi kan ikke finde en mening med vores liv, hvis vi fastholder et subjekt-objekt forhold til verden 'derude'. Kun når alle disse ting er afklarede, kan vi ændre den vej, vi befinder os på.

12 Fjendebilleder, økonomisk politik og værdipolitik

Alt er politik i en eller anden udstrækning, altså for så vidt man lever i en retsstat. Alternativet er, at den med den største kølle bestemmer. Nu lever vi i et samfund, der er ved at glide tilbage til et stadie, hvor den, der har flest penge og den største bil, har mest ret. Det synes at være tilfældet, ikke bare i trafikken, men også i forhold til at slippe for at bidrage til fællesskabet. Politikernes budskab synes at være, at den, der har råd til den største bil, også skal modtage de største afgiftslempelser.

Hvorfor er det relevant? Den fragmentering, der blev nævnt i starten af denne bog, er ikke bare en opdeling mellem rig og fattig. Mange mennesker bliver isolerede, alene eller i små grupper. Dette er med til at skabe fjendebilleder, fordi vi får svært ved at genfinde os selv i andre, der opleves ligesom os. Selve evnen til at forholde sig realistisk til verden, og derigennem til sig selv, bliver ringere, og det skaber plads til alverdens forestillinger, fejlbedømmelser og spekulationer. Ulighed skaber således spændinger, utryghed og angst, hvilket der findes mange både aktuelle og historiske eksempler på.

I november 1989, da muren faldt, og Sovjetunionen gik i opløsning, startede der en liberaliseringsproces i de østeuropæiske lande, der før lå bag jerntæppet. Fælleseje, som Sovjetstatens imperativ, blev erstattet af privateje, til stor glæde for mange, især vestlige iagttagere. Statens ejendom blev foræret væk til oligarker, ofte som betaling for deres loyalitet over for ledelsen. Fjendebilledet blev udskiftet med en uvant forestilling om østeuropæere som kommende kapitalister. På en måde fortsætter denne liberalisering i dag, i vort eget land, som når for eksempel Statens Serum Institut bliver solgt til en oliesheik, eller Dong-aktierne sælges til en investeringsbank. Dengang, i starten af halvfemserne, blev murens fald betegnet som Vestens sejr over Sovjet og kapitalismens sejr over kommunismen. Reelt var der tale om en privatisering af statskapital. Infrastruktur og andre aktiver, der før var hele samfundets (eller måske kun partitoppens) ejendom, blev opslugt af kapitalismen. Tilsvarende er nutidens privatisering et milliardtyveri ved højlys dag. Der er ikke den store forskel mellem afviklingen af eks-Sovjet og afviklingen af velfærden eller den udemokratiske kapitalisering af vort eget samfunds institutioner.

Ophøret af den kolde krig har også haft andre vidtrækkende konsekvenser. Det har vist sig, at ophævelsen af den gamle modstilling mellem blokkene blev afløst af en tid præget af usikkerhed og en søgen efter nye fjendebilleder. Ophøret af den kolde krig førte blandt andet til Balkankrigen og uro i store dele af verden, hvor gamle alliancer faldt som dominobrikker, og nye stater så dagens lys. I Nordafrika og Mellemøsten så vi tilsvarende et opgør med gamle diktaturer, også kendt som Det Arabiske Forår. Da den gamle modstilling mellem stormagterne ophørte, svækkedes støtten til de regimer, der indtil da havde været afhængige af denne støtte.

Problemet var, at disse revolutioner ikke førte til fredsommelige, demokratiske systemer, sådan som mange urealistiske iagttagere havde spået. Opløsning af eksisterende strukturer og institutioner førte til kaos. Mange steder var det de reaktionære og religiøse masser, der overtog magten, ofte efter blodige borgerkrige. Senest har vi set Syrien blive offer for denne udvikling, dog med den undtagelse at diktatoren Bashar al-Assad ikke blev likvideret, som f.eks. Muammar Gadaffi og Saddam Hussein. Dette skyldtes ikke mindst russernes indblanding i konflikten. Ruslands fornyede interesse i Mellemøsten kommer som et svar på Vestens fremrykning i Østeuropa siden '89 og USA's tilstedeværelse i Mellemøsten siden Irakkrigen, hvilket ses som en trussel. Således er koldkrigslogikken slet ikke død og borte endnu. Hvor NATO-landene typisk har støttet oprørerne, som i Syrien og Irak, har russerne haft held med at holde den gamle diktator, Assad, ved magten. Resultatet har været en endeløs borgerkrig med millioner af flygtninge. Også opblomstringen af IS og en ny bølge af islamistisk terror har været konsekvensen af den syriske borgerkrig. Hele området, ikke mindst Irak, har selvfølgelig været ustabilt igennem længere tid.

Selv om de fleste flygtninge befinder sig i nærområdet, hvor de udgør en belastning og destabiliserer de fattige lande, hvor de opholder sig, er en del af dem endt i Europa. Her blev de ikke modtaget med åbne arme, da en stor del af befolkningen forbinder alt og alle fra den islamiske verden med terror. Hele det politiske landskab i Europa har flyttet fokus fra den økonomiske dagsorden til det, vi kalder de værdipolitiske emner. Det vil sige spørgsmål om identitet og værdier. En stor del af befolkningen har mistet troen på, at de etablerede politikere og politiske systemer kan varetage deres interesser. Derfor er der en generel modvilje mod 'The Establishment', EU og de politiske partier, der har defineret de fleste europæiske landes udvikling siden 2. verdenskrig.

Efter den økonomiske krise i 2008 har der ikke været det fornødne opgør med årsagerne til kollaps af markedet, vildtvoksende ulighed og fattigdom. Mediebilledet handler om indvandringen af etnisk fremmede grupper (muslimer) og folkets ønske om beskyttelse af vores nationale territorier. Her har vi altså fundet en egnet erstatning for de gamle fjendebilleder, som en stor del af de europæiske landes befolkninger er optaget af. Ved hvert eneste valg er der en begrundet angst for, at de højreradikale kræfter og de islamofobiske nationalister vil overtage magten. De har en fortælling, der handler om at italesætte flygtningene som årsagen til de nedskæringer i velfærden, de europæiske regeringer har gennemført efter krisen i 2008, selv om flygtningeproblemet først for alvor voksede længe efter den økonomiske krise. Disse nationalistiske kræfter forholder sig ikke til løsninger på de problemer, de påpeger. Til gengæld er de konstant optagede af at pege fingre og skabe uro og usikkerhed i befolkningen. Imens får den økonomiske ulighed lov at vokse, nu, hvor man retter fokus væk fra fordelingspolitikken.

Alle nøgletal bevidner en skævvridning af historiske dimensioner, for aldrig har aktionærerne og spekulanterne tjent så mange penge som under og efter krisen, og aldrig er så mange milliarder overført til skattely. Incitamentlogikken sikrer, at alle løber lidt stærkere efter den gulerod, der bliver mindre og mindre. Mens vi hører om produktionsforøgelser, økonomisk opsving og overskud, bliver der mindre og mindre råd til kernevelfærd og borgernes almene trivsel. Mens topchefer får fratrædelsesgodtgørelser, må vi andre betale 'omprioriteringsbidrag', så der bliver 'råderum' til bonusser og skatterabatter til de allerrigeste. Nedskæringerne beskrives (i tilfældet af medieforliget og nedskæringen på public service) som 'fokusering' eller får lignende, men lige så misvisende, betegnelser påhæftet. Og for at sikre et parlamentarisk flertal skal de liberale åbenbart blot love et par ekstra grænsebomme, så kan de muligvis bytte sig til endnu flere ulighedsskabende topskattelettelser. Det ligner en kollektiv fortrængning af de virkelige problemer, som ingen tør benævne eller har lyst til at håndtere.

Politik er ikke længere bare et spørgsmål om det muliges kunst, hvor man forhandler sig til et politisk flertal til at vedtage en ny lov. Politik er i stigende grad blevet et spørgsmål om magt til at tromle sine modstandere med trusler, så forhandling bliver overflødig. I udlandet, og i nogen grad også herhjemme, kommer flere midler i brug; løgn, bestikkelse, afpresning, mistænkeliggørelse og i yderste fald vold. Hele diskussionen om 'fake news' handler for eksempel om at mistænkeliggøre andres påstande. Når først man er kommet i tvivl om, hvad der er sandt, så kan alt være 'fake', og når man intet perspektiv eller gyldig reference har, bliver enhver påstand et spørgsmål om, hvad man kan tro på.

Men politik skulle gerne basere sig på en rationel og sammenhængende verdensanskuelse, ikke en række tilfældige påstande.

Det er fortvivlende ikke at kunne føle sig sikker i sin tro. Men, som omtalt tidligere, er troen det, der er at falde tilbage på, når viden ikke længere foreligger. Kildekritik og baggrundsviden vil normalt danne en referenceramme for ens vurdering af, hvad der er sandt eller spin. Men den slags indsigter er gledet bort med digitaliseringen af samfundet, hvor alle nu har adgang til alle informationer, uden at de skaber klarhed af den grund. Alle hævder jo, at de taler sandt, og at alle andre lyver. Hvordan validerer man en politisk påstand? Hvordan undgår vi at blive fortvivlede? Det er ikke nok at kunne spejle sig i noget, at genkende noget. Referencen for ens vurdering må ligge uden for det, man vurderer, ellers risikerer man at blive offer for andres manipulation. Det er måske banalt, men dannelse og kritisk tænkning er nødvendige i en situation, hvor alle informationer er lige 'faktuelle'. Kritisk tænkning handler om den rette fortolkning af informationer, så man kan nå frem til en realistisk forståelse af sin egen rolle i verden. Har man en stor viden, en bred dannelse, en stærk identitetsfølelse og evnen til at fortolke informationer, så er man ikke et let offer for manipulation.

I disse dage kan staten, under henvisning til terrorsikring, ofre privatlivets fred og begrænse folks frie bevægelighed. Ligesådan kan traktater, der sikrer menneskerettigheder, blive modificeret ud fra ønsket om at begrænse indvandringen. Ikke kun i østlande, som Polen og Ungarn, sker dette, men også i lande som Tyskland (AfD, Alternative für Deutschland) og Danmark finder man fortalere for lignende tiltag. Konsekvensen er altså, at det ikke kun er muslimske flygtninge, men også fru Hansen, der mister sine rettigheder. Nu er det lettere at manipulere med fru Hansen, hvis hun er utryg ved det, hun ikke kan genkende. Flere påstande om løgn og bedrag, om end de tydeligvis er ukorrekte i sig selv, kan nemt bidrage til forvirringen. Kritisk sans kan kun anvendes ud fra en viden; sagkundskab og en indsigt. Men hvis der er tvivl om, hvad der er fup eller fakta, så bliver det svært at udøve sin dømmekraft.

Således er den forforståelse, man har, afgørende for de valg, man kommer til at træffe. Hvis vi ikke kan stole på eksperterne, akademikeren eller pressen, så bliver det svært at skelne fup fra fakta. Tendensen er, at man stoler på et kendt ansigt, måske ham fra tv-serien (f.eks. "The Apprentice", som var det tv-show, der gjorde Donald Trump til et kendt ansigt), en hvilken som helst realitystjerne eller ham den flinke mand fra Rusland, der er så glad for dyr. Misinformation og løgn virker, og derfor bliver de brugt.

Politik er ikke hvad det har været. Det handler ikke (bare) om fordeling af rigdommen, men om, hvem af de allerrigeste der skal have mest magt. Den bedste måde at få magt er at blive et kendt ansigt og komme i mediernes søgelys. Så kan man starte en bevægelse (som den franske præsident, Emanuel Macron), blive valgt på nogle enkle budskaber og få magt. I gamle dage blev man valgt til et embede, fordi man repræsenterede et politisk parti med en bestemt ideologi. Der var således en indbygget sammenhæng mellem værdierne, personens handlinger og de politiske mål. I dag er det de såkaldt 'karismatiske' individer med deres ego-projekter, der køber sig sendetid og berømmelse. De repræsenterer intet andet end det, der virker for dem. De har ingen respekt for institutioner, traditioner eller de borgere, der naivt stoler på politikerens integritet. De har ingen idé om et bedre samfund, eller hvad der skal til for at få det. Det er udelukkende et spørgsmål om at få mere magt til sig selv. Befolkningens naive engagement og tilsyneladende demokratiske kontrol over medierne indgår blot som et middel til dette mål.

Måske vil læseren mene, at denne beskrivelse i sig selv udgør et fjendebillede; den fæle populist som folkeforfører. Måske er jeg indoktrineret af korrupte, vestlige medier. Måske er jeg slet ikke troværdig, netop fordi jeg ikke er en kendt person, som man kan spejle sig i.

Ja, det er muligt, og jeg kan intet gøre ved det. Det er nemlig ikke mit projekt at overbevise nogen, men efter bedste evne at fremlægge, hvad jeg kan se. Prædikater, fortællinger og fordomme bringer os ikke tættere på 'sandheden', men kritisk tænkning er en god hjælp til at gennemskue de mest oplagt løgnehistorier. Kritisk tænkning indebærer nemlig også selvkritik; hele tiden at forholde sig refleksivt til sine egne udsagn. Om et udsagn er troværdigt, skal ikke bare handle om at holde med de 'rigtige', om smag eller om de holdninger, man i forvejen har. Man må selv gøre sig umage for at tænke og stille sig selv spørgsmålet, hvordan man er kommet frem til sin overbevisning, og hvilke referencer man anvender.

Jeg er født og opvokset under den kolde krig, hvor verden var opdelt mellem 'de gode' (os) og 'de onde' (kommunisterne). Jeg har altid været i tvivl om denne fortællings rigtighed, og jeg mener ikke, at den bliver mere troværdig af bare at bytte rundt på skiltene. Jeg kan genkende de fjendebilleder, jeg oplevede før 1989, men netop derfor kan jeg nu bedre forstå, hvad deres funktion var. Dengang var der styr på protokollerne, og man var klar over, hvem der var fjenden. I dag er der ikke længere foranstaltninger, der kan forhindre, at en krise løber løbsk.

Fjendebilleder har måske ændret sig, men deres funktion er forblevet den samme. Hvor den økonomiske politik førhen handlede om noget; fordelingen af velfærden velsagtens, så er det nu svært at se, hvad værdipolitikken handler om. 'Værdier' vil man nok svare, men det er lige så intetsigende som den adfærdsforsker, der forklarer et dyrs adfærd med ordene: "Det ligger i dyrets natur". Man føler sig ikke klogere af den slags udlægninger, hvor man blot tilføjer en ny formulering af det samme.

Min tese om værdistriden er, at det handler om identitet eller mangel på samme. At definere sig selv som 'ikke at være' – f.eks. 'kunstner', 'muslim' eller 'tyk', er principielt forskelligt fra at definere sig selv som faktisk 'værende' nogen eller noget. Kun ved refleksion (over det, man gør, og de relationer, man indgår i) kan man nå frem til en erkendelse af sig selv som en bestemt person med et bestemt (for)mål og mening, altså en positiv bestemmelse frem for en negation. Hvis man har travlt med at benægte det, man ikke vil være, i stedet for at hvile i det, man ved, man er, så har man fokus det forkerte sted. Dette forklarer også, hvorfor vi har så travlt med at fiske efter anerkendelse, opmærksomhed, likes, osv. Hele mediestrømmen fungerer som en slags understrøm for et fragmenteret samfund, hvor identitet er blevet noget ydre, noget, vi kan købe eller skal kæmpe os til. Hvordan kan det være, at det ikke længere er godt nok bare at være til? Hvorfor skal værdi måles og vejes, som om det var en udefrakommende mængde og ikke noget, man allerede har *i sig selv*? Er det ikke et sygdomstegn, at moderne mennesker kvantificerer individets værdi som menneske og dermed sammenligner og tingsliggør sig selv? Hvad blev der af den etiske dimension, eller den æstetiske? Det gode er godt i-sig-selv, ligesom det skønne er skønt i-sig-selv, som Platon konkluderede for 2500 år siden. Har vi glemt det?

Hvis vi er så optagede af problemer som ulighed, klimakrise eller flygtninge, hvad er der så, der afholder os fra at løse disse problemer? Er det måske, fordi alle disse problemer relaterer sig til vores svækkede identitet? Har det noget at gøre med, at det er nemmere at skabe projektioner end at ændre sig selv? Så længe man får sit behov for anerkendelse opfyldt, som f.eks. præsident Trump, der er rig og magtfuld, så er der ingen grund til at være selvkritisk eller lave noget om. Men det er jo befolkningen, der bekræfter og fastholder denne 'stakkel' i sin vildfarelse! En uge uden kameraer og tweets ville jo bringe ham på sammenbruddets rand! Hvornår lærer vi at tage ansvar selv frem for at skubbe svage sjæle foran os? Skal det først gå helt galt, så vi kan sige som tyskerne efter 2. verdenskrig: "Wir haben es nicht gewusst"? Hvor uvidende skal man have lov at være?

I sidste ende må vi skabe et overordnet system, der ikke bliver rigidt, ikke fastlåser os som individer. Det gælder om at bygge en konstruktion, der er både let og fleksibel, men alligevel stærk nok til at kunne bære nutidens komplekse samfund. Der skal hele tiden findes en balance mellem de enkelte niveauer, fra det individuelle over det lokale og det nationale til det globale niveau. Identiteten skal ikke fastlåses på kun ét af disse. Desuden skal ikke alt handle om konkurrence, eller hvad der kan 'betale sig'. Der findes værdier i simpelt samvær, hvor vi ikke dømmer hinanden eller udelukkende har fokus på udseende eller andre overfladiske parametre.

De udfordringer, vi står med, løses ikke ved et snuptag, som populisterne vil bilde os ind. De tilbyder måske det, vi tror, vi vil have, men ikke det, vi har brug for. Særligt disse to problemstillinger skal håndteres:

– Kapitalismen trænger til en overordnet struktur og etiske spilleregler, så den ikke fortsætter med at skævvride verden. Spændingen mellem rig og fattig må ikke blive større, for det er med til at destabilisere verden.

– Udbytning og misbrug af naturen skal standses, for det undergraver livets mulighed for at udfolde sig i de økologiske kredsløb, der understøtter liv. Desuden destabiliserer menneskelig aktivitet klimaet, hvilket truer fremtidige generationer.

Vi kan ikke blive ved med at surfe vores egen bølge (eller sejle vores egen sø), som om vores handlinger og tilstedeværelse er isoleret fra havet omkring og under os.

Vi er alle underlagt de samme strømme, uanset om vi er rige eller fattige, uanset hvad vi tror på, eller hvilken politisk bevægelse vi støtter. Alle har vi en individuel virkelighedsopfattelse, alle skal vi trække vejret, have noget at spise og vil dø i sidste ende. Derfor må vi forstå de grundlæggende principper, der gælder i dette liv, og udforme de spilleregler, der regulerer vores adfærd, så det gavner livet.

Siden 70'erne har vi surfet på en neoliberalistisk bølge, hvor markedets frie kræfter har udfoldet sig. Det har skabt rigdom for de få, men det har også skabt udbredt fattigdom, flygtningestrømme, korruption, plastaffald i havene, stressede forbrugere og meget andet skidt. Det duer ikke, at vi henviser til fremtidens teknologi til at klare nutidens problemer. Der kommer ikke en 'rigtig god løsning i morgen' (som en tidligere statsminister er kendt for at have sagt), hvis ikke vi har viljen til at handle i dag.

Strømmen bliver til en altfortærende malstrøm, hvis vi spilder mere tid. Jo længere vi venter, jo højere bliver prisen. Så vi får ikke mere råd af at vente lidt og spare op. Uden politisk struktur, der er gearet til at håndtere disse udfordringer, har vi ofte erfaret, at det hele går op i hat og briller. Den snævre egeninteresse fører til nationalisme og forsimpling, hvilket ikke er gavnligt i denne situation. Vi er nødsaget til at samarbejde på tværs af grænser. Intet kommer af intet, og ingen bølge uden dal. Vi må tænke globalt, for havet kender ingen grænser.

www.ingramcontent.com/pod-product-compliance
Lightning Source LLC
Chambersburg PA
CBHW031438210526
45464CB00005B/2257